# 有機無農藥
# 新手菜園

阿部 豐

瑞昇文化

# 前 言

各位讀者在品嚐有機栽培收成的美味蔬菜時，
是否有股不甚滿足的感受？
或者有一種希望能夠更長時間享受
有機栽培收成的小黃瓜或茄子的想法？

透過「有機栽培」，享受「長期收成美味蔬菜」。
阿部農園的宗旨是讓這兩項比預期中困難的目標同時達成。
要讓此理想實現，
最重要的便是「良好狀態的田地」。

蔬菜與人類相同，有著感受舒適情緒的能力。
若能夠營造讓蔬菜感覺舒服的田地環境，
那麼蔬菜便能健康生長，人們也就可以不斷收成美味。
為能夠達成上述理想目標，
本書列舉出相當多具體的栽培重點。

讓人想一直待著的景色。
這樣的景色可能是片一望無際的廣闊大地，
或是一塊塊田地，
也可能是家庭菜園，或者是擺滿豐盛佳餚的餐桌。
若能被這樣的氛圍包圍，
想必能健康長久地生活。

種植蔬菜的喜悅不僅止於收成那一刻，
在種植的過程中，也充滿著相當多驚喜。
就讓我們一同和蔬菜享受種植
以及收成美味的過程吧！

在本書出版之際，
筆者要特別感謝負責編輯的新田穗高、小澤啟司、
負責拍攝的瀧岡健太郎及家之光協會的所有成員。

阿部 豐

# CONTENTS

# 本書特色及使用方法

為讓初次接觸種植蔬菜的讀者們
也能成功地進行有機栽培，
本書將以栽培步驟為主軸進行各蔬菜的介紹。
除此之外，也會針對實用性資訊、
能夠更順利培育蔬菜訣竅、無需花費
過多心力便可不斷收成美味的重點進行解說。

## 栽培計畫

透過區域劃分，讓讀者能夠清楚掌握播種、定植及收成
最佳時期等資訊。栽培時程的各區域劃分方式如下。

**一般地區**：東北南部、關東、中部、近畿、中國地區
（皆不包含高海拔地區）。

**寒冷地區**：北海道、東北北部以及本州、四國、九州的
高海拔地區。

**溫暖地區**：四國、九州（皆不包含高海拔地區）。

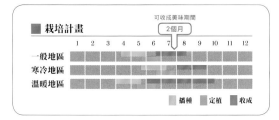

## 家庭菜園規劃參考

設定家庭成員為4人，依照各蔬菜「可滿足一家人食用
需求」的收成量進行反推計算，以圖示呈現所需的種植
空間及株數。預設同期間讀者也會種植其他作物，為了
避免經營家庭菜園時常看到的「種植單一品種，導致作
物產量過多，食用不完」情況發生，建議根據書中所建
議的參考資料，將有限空間做最有效率的運用。

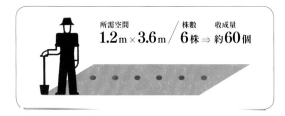

## 栽培步驟

從整地、播種、定植到收成所
需之管理作業進行解說，透過
豐富的照片及插圖，一眼便可
馬上理解實際作業方式。

## 整地作業

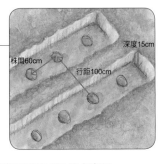

透過圖示讓讀者清楚
理解「播種的間距要
抓多少？種植幼苗的
距離如何計算？」、
「作物的行間距離要
相隔多遠？」或「田
畦要多高及多寬？」等備田時所需的基本資訊。

## 收成美味
## 不間斷祕訣

相信每位讀者一定都會希望,自己辛苦花費時間勞力種植,能夠一直收成美味作物,而此目的也是本書的存在價值之一。筆者將會於書中介紹透過簡單方法便可達成目的的訣竅。

**收成美味**
**不間斷祕訣**

9月中旬起便可提早挖掘。10月後即為正式產季,收成作業需在降霜頻率增加的12月初結束。首先分批收成每次製作料理時所需要的數量,最後則是完成所有挖掘,並將剩餘的作物作為保存用。

## 如此一來省時省力!

在進入除草、澆水、追肥等照料管理階段時,讀者一定會開始思考「有沒有能夠減少作業量的方法」。針對此部分,筆者將介紹能夠節省時間精力,有效率種植作物的方法。

**如此一來省時省力!**

若使用花網,將可省去誘引作業所需的精力及時間。網子設置高度過高或過低都無法提供支撐效果。於6月下旬左右架設網子,並讓植株頂端能些許露出。

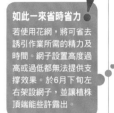

## 需特別注意的蟲害及對策

不使用農藥的有機栽培中,如何防治害蟲是相當重要的課題之一。本書將透過圖片說明害蟲種類、會為蔬菜帶來哪些危害,以及如何防治。

**需特別注意的蟲害及對策**

芋頭的病蟲害雖然不多,但仍需注意雙斜紋天蛾的幼蟲。雖然長相怪異,但既無刺也無毒,若有發現予以撲滅即可。另也需注意斜紋夜盜蟲的幼蟲。在還是成群聚集的年輕幼蟲時較容易撲滅。

雙斜紋天蛾幼蟲的體長會不斷長大,到處啃食葉片,危害相當大。

## 補充小建議

除了有讓讀者更理解「為何需要執行這個作業」的實用知識外,更提供栽培及收成的重點建議。內容充滿著筆者在有機栽培所累積的眾多經驗。

**補充小建議**

當茄子進入收成期時會不斷變粗,因此需每日進行1次採收作業。生長過大將會傷害植株,建議只有週末才能進行作業的讀者須將較小條的茄子全數採收。

## 解決讀者常有的疑問

解答「有無能夠替代的工具?」、「若要讓作物更健康該怎麼做?」、「有段時間無法照顧菜園,有沒有關係?」等常有的疑問,讓讀者們受用無窮。

**若沒有花網時**
**該怎麼辦?**

若植株數量不多時,可沿著3枝枝幹架設支柱進行誘引。每植株需準備3根長約2m的扎實支柱,深插入土中約30cm使其不會搖晃,誘引作物攀附於支柱生長。

# 學會種田基本概念的4項重點

有機的種田方式多樣多元，
因此難以簡易說明。
但即便有著眾多方法，
狀態良好的田地有著些許共同點。
筆者將其彙整成4項重點。

即便心中描繪著自己理想的田地，但沒有人是從一開始就具備著種田知識概念。這些知識概念是讓自己尋找出更好的方法，更是將眾多的技術及資訊適當地運用在自己田地上的力量。

知識概念的形成必須透過經驗及努力的累積。只要學會這些事物，經營田地便會日益上手。

首先，在接觸種田之際，需學會的重點為下述4項。

①種植多品種作物、②保持田地的多樣性、③備土從排水做起、④為田地尋找「保護材料」。

將上述重點放入基本主軸中，讓我們打造出讓自己想一直置身其中的舒適田地吧！

站在培育有生長良好的美味蔬菜田中令人愉悅無比。

筆者希望各位能充分發揮害蟲的天敵，也就是益蟲的力量。瓢蟲能夠制衡蚜蟲；蜘蛛能夠制衡夜盜蟲；螳螂則能夠制衡椿象；蝴蝶還能夠讓心境緩和，因此營造出讓各種生物易於生長的環境相當重要。

## POINT 1

## 簡單種植
## 多品種作物

在有機栽培領域中，與大量種植單一類型作物相比，更適合設定少量多品種的種植方式。為何如此一說，是因為大部分的菌類或害蟲都喜歡特定的單一作物，而不會對其他物種造成危害。換言之，若能實踐少量多品種栽培，便可降低一舉併發嚴重蟲害或病害的風險。

多品種種植或許會讓讀者感覺有所難度，但若將蔬菜依季節區分群組，簡單思考的話，讀者也能夠輕鬆規劃種植。（→ **參照第10頁**）

## POINT 3

## 備土從
## 排水做起

大部分的讀者都會認為堆肥含有種植蔬菜所需的必要養分。但將堆肥施入田地這個作業卻有著更重要的含意，那便是讓土壤具備能夠培育蔬菜的能力，也就是必須賦予「地力」。具體而言，若於田地施入堆肥，其中富含的碳元素將能增加土壤中的微生物量。如此一來，將能夠幫助蔬菜根部舒展生長，土質也會變得鬆軟。這類型的土壤不僅排水功能佳，還能保有適量的水分及肥料含量。（→**參照第16頁**）

## POINT 2

## 保持田地的多樣性

我們常常會聽到維持田地多樣性相當重要，因此與其放任田地自然生長，下功夫使其保有多樣性將是必要的。即便辛勞1年未有成果，只要累積努力照料田地，必能夠享受結果。就算是小面積的田地，相信每年都能實際感受到作物的多樣性。

在栽培、照料作業中，若能不仰賴單一方式，採用數種方法，那麼即便某一年遇到極端氣候或發生病蟲害時，也較能掌握應對。在有機栽培中，秉持著「就算沒有100%的順心，但至少70～90%都會相當順利」理念進而實踐是相當重要的。（→ **參照第14頁**）

## POINT 4

## 為田地尋找
## 「保護材料」

蔬菜會在嚴苛的自然環境中茁壯，特別是近年常見早春的冰雹及雷雨、長時間的梅雨、酷熱的夏季、集中型的超大豪雨以及秋颱等極端氣候變化。在此，為了讓如此嚴苛自然環境所帶來的影響能稍稍緩和，替田地尋找「保護材料」的動作便相當重要。如使用塑膠布或稻草作為覆蓋材料，活用寒冷紗、防蟲網及不織布等農業資材，或是於田地四周種植蜀黍類等高度較高的植物作區隔也是相當具成效。（→ **參照第17頁**）

# 簡單種植多品種作物

許多讀者會認為種植多種類的蔬菜不僅比種植單一種類來的困難，更需要花費時間精力。確實每種蔬菜都有各自的特性，因此種植多種類作物會較為費心費神。但若將基本栽培方法類似的蔬菜歸納成同一種類來思考的話，種植作業其實比我們想像中來的容易。

首先，根據栽培季節將作物區分成4類群組。具體而言，早春播種、進入盛夏之前便採收的稱為「**春季類**」；春季播種、夏季至秋季採收的稱為「**夏季類**」；夏季至秋季播種、秋冬採收的稱為「**秋季類**」；以及可從春季栽種至晚秋再收成的「**全年類**」。（參照第12～13頁）

只要屬同一類型的蔬菜，其生長便有共同特徵。因此依類別規劃區域進行栽培，無論是田地準備作業、生長期管理、收成後的整頓，或是切換栽種新作物皆能順利進行。

此外，也能將這4類型蔬菜中，基本的生長方式及特徵類似的蔬菜們視為同一群組。如此一來簡單、單純化思考，即便是多品種作物的栽培也能變得更加容易。

冬季收成的蔬菜。雖然有許多種類，但若以相同類型思考，將可變得容易栽培。

思考著「今年要種植那些蔬菜呢？」是相當愉快的事情。依照栽培季節及蔬菜種類劃分群組後，栽種許多種類的蔬菜變得出乎意料的簡單。

# 春、夏、秋、全年類型的輪作範例

[將田地劃分成三區塊]

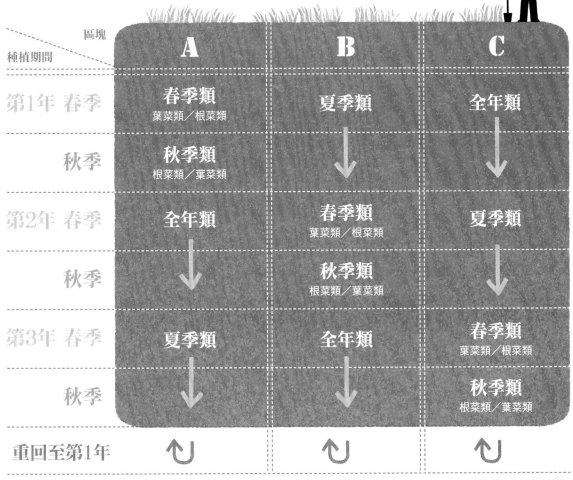

| 區塊 種植期間 | A | B | C |
|---|---|---|---|
| 第1年 春季 | 春季類 葉菜類／根菜類 | 夏季類 | 全年類 |
| 秋季 | 秋季類 根菜類／葉菜類 | ↓ | ↓ |
| 第2年 春季 | 全年類 | 春季類 葉菜類／根菜類 | 夏季類 |
| 秋季 | ↓ | 秋季類 根菜類／葉菜類 | ↓ |
| 第3年 春季 | 夏季類 | 全年類 | 春季類 葉菜類／根菜類 |
| 秋季 | ↓ | ↓ | 秋季類 根菜類／葉菜類 |
| 重回至第1年 | ↰ | ↰ | ↰ |

※每一區塊以「春季類」→「秋季類」→「全年類」→「夏季類」順序進行輪作。
※春季與秋季時，需將種植春季類及秋季類葉菜類／根菜類的地點進行互換。

　　若在同一地點持續種植相同或同科蔬菜，將會發生「連作障礙」，造成蔬菜發育不良。尤其以茄科、豆科及葫蘆科需特別注意，高麗菜、大白菜等十字花科蔬菜也需避免連續種植。

　　眾多的有效對策當中，可考慮將蔬菜搭配區塊依序「輪作」。若將作物區分成4個群組，那麼也會較容易建立輪作計畫，將對作業上有極大的幫助。

　　筆者將推薦的輪作模式以表格呈現，供各位讀者參考。

圖為栽培茄子、青椒、小黃瓜的夏季類區塊。田地會依各作物特性，找出自我的生長步調。

若田地仍有空間，建議可栽培蜀黍類作為綠肥，取部分區塊進行種植，如此一來微生物量增加，對田地有正面幫助。

**春** 季類 3～4月 開始作業

春季類作物屬於喜好涼爽氣溫的蔬菜。此類蔬菜由於不耐熱，因此會在進入高溫多濕的梅雨後半期間之前採收。播種時期為3～4月，不僅易於發芽，較少害蟲外，蔬菜生長速度快，屬容易種植的期間。由於這些蔬菜皆可稍耐寒冷，若充分運用拱門或直接鋪蓋覆蓋物，將可提早進行播種作業。此外，若播種時間較遲，在尚未收成之前便進入夏季，就必須特別注意暑害情況發生。春季類蔬菜絕大多數為十字花科，建議其中穿插種植菊科的萵苣或傘形科的胡蘿蔔以保持平衡。

**小型葉菜類**

小松菜、水菜、青江菜、塌菇菜、蕪菁（以上皆屬十字花科）、菠菜（藜科）等

**大型葉菜類**

高麗菜、綠花椰（以上皆屬十字花科）、萵苣（菊科）等

**根菜類**

白蘿蔔（十字花科）、胡蘿蔔（傘形科）

**果菜類**

茄子、青椒、辣椒、番茄（以上皆屬茄科）、小黃瓜、南瓜、西瓜、苦瓜（以上皆屬葫蘆科）

**葉菜類**

長蒴黃麻（緞木科）、落葵（落葵科）等

**根菜類**

馬鈴薯（茄科）

**夏** 季類 5～6月 開始作業

夏季類蔬菜從夏季跨越秋季，是能採收相當大量作物的類別。有相當多的夏季類蔬菜是屬於長期間內會不斷結果的類型，因此除番茄及馬鈴薯外，皆需施予大量肥料。有機質肥料顯效速度較慢，因此建議改採充分施予基肥並盡早追肥的方式種植。若屬發芽適溫或育苗適溫較高，需於早春播種的蔬菜，則建議使用溫床、溫室或拱門，於溫度較高之環境下進行育苗。為讓田地處於平衡，不可將同科類的蔬菜集中種植，應於同一區塊中混種茄科、葫蘆科或其他類型的夏季蔬菜。

　葉菜類及根菜類不僅可從早春便開始種植，夏季至秋季期間種植也可收成豐碩。但春季與秋季的注意事項有所不同。秋季時，首先需特別留意播種的適當時期。秋季已是漸感寒意的季節，因此若播種太遲的話，作物將無法充分生長。此外，在預防蟲害上也須下足工夫。特別是到氣溫仍高的9月前，病蟲害情況將會增加。過早播種也容易種植失敗。秋季類蔬菜也很容易與春季類蔬菜遭遇相同情況，就是種植過多的十字花科作物，因此建議穿插栽培菊科的茼蒿或傘形科的胡蘿蔔。

**小型葉菜類**

小松菜、水菜、青江菜、塌菇菜、蕪菁（以上皆屬十字花科）、菠菜（藜科）、茼蒿（菊科）

**大型葉菜類**

高麗菜、綠花椰、大白菜（以上皆屬十字花科）、萵苣（菊科）等

**根菜類**

胡蘿蔔(傘形科)、白蘿蔔(十字花科)

**番薯（旋花科）**

番薯在貧瘠的土地也能夠生長，因此適合等到收成吸力較強的玉米或小麥等稻科作物後續種。

**芋頭（天南星科）**

適合生長於濕潤土質，經春季至秋季，慢慢成長。

**蔥（百合科）**

施予未成熟的堆肥也不會影響生長。在隨著生長狀況進行培土作業時，也同時讓田地的狀態變佳。

　全年類型的蔬菜雖然會長時間佔據著田地，但對田地而言也是有益處。全年類型蔬菜所需使用的肥料量較少，即便種植著這些作物，也會讓人誤以為正在休耕養地。因此全年類型的蔬菜對於維持田地平衡有著相當重要性。再者，在貧瘠乾燥的田地種植番薯、濕潤土壤種植芋頭、殘留有未成熟堆肥的田地則可種植蔥類，利用特性不一的田地栽培合適的蔬菜，也可使得田地狀態變佳。

# 保持田地的多樣性

## ◎在整齊劃一中更需要穿插「不整齊」

由左至右為小黃瓜、青椒、茄子的田畦。刻意將高度不一的蔬菜作物比鄰種植。

仔細觀察讓人心曠神怡的田地時，便會發現在一眼望去的整齊劃一中，巧妙穿插著不整齊。

以夏季蔬菜而言，並非整齊種植著高度一致的各類蔬菜，而是各田畦混種著高低不一的作物。

當田地找出自我節奏後，便能形成適合許多生物成長的環境。

此外，若能使用竹製或木製等天然素材作為支柱或除霜材料，不整齊的種植方式更能強化結構，抵擋大風大雨的侵襲。

## ◎與其採用單一手段，不如選擇多元的方式

有機栽培中，並沒有所謂的終極法寶。與其尋求單一的手段，不如多元化地嘗試來累積最佳效果。

以播種作業來說，即便不施予農藥，也大致上可以掌握能採收漂亮作物的播種日。但每年氣候變遷及發生蟲害的時期不盡相同，以致無法預期每次都能有完美的收成。

有鑑於此，若能分數次進行播種，便能提高收成美味蔬菜的可能性。

在前置作業或栽培管理上，專業農家針對相同作物也會採用多種方式種植，以確保多樣性。

播種時間點不一的胡蘿蔔田，藉以分散天候不佳及病蟲害所帶來的風險。

# ◎充分觀察蔬菜及生物

讀者是否有過與往年相比，感覺今年種植情況較好或較差的想法呢？若充分了解其理由，種植蔬菜的能力將可突飛猛進。

圖中的昆蟲為黃瓢蟲。乍看之下會認為是害蟲，但實際上牠卻是以食用造成茄子罹患白粉病病菌為生的益蟲。只要發現黃瓢蟲，白粉病就不會擴散。

仔細觀察葉片內側及根部。在未使用農藥的情況下，許多生物正努力維持著田地的平衡，靜靜等著各位讀者們去發掘。

# ◎利用身邊隨可得的有機資材

有機資材中富含著微生物。田地附近所取得的稻草、落葉、竹子、米糠等有機資材更反映出該區域的特性，有許多有益的微生物附著其上，當然也存在著有害的微生物，但有益微生物的存在才能讓有害微生物不會再增加，使其處於平衡狀態。

以米糠來說，其雖稱不上是微生物資材，但以發酵肥料而言，米糠富含大量的發酵菌。即便其中的菌數不多，但仍是可以活用存在於自然界中的土著菌強力菌種。

此外，可在田地周圍鋪上小麥作為覆蓋物，也可鋪於走道之上。

11月播種，隔年6月收成的小麥麥稈（左上）。用來作為堆肥材料的落葉（右上）。將華箬竹拿來為豌豆防寒（左下）。將米糠作為發酵肥料或追肥使用（右下）。

# 備土從排水做起

在思考該如何進行備土時，讀者往往都會將肥料視為最優先考量。但若從營造作物生長環境的角度來看，排水才是最重要的環節。當土壤中富含有機物分解後的腐植質時，不僅排水性佳，保水能力的提升對於作物而言，更是最好的土質。

然而，造成田地排水不佳的原因可能為田地為黏土質土壤、田地處於較低位置、形成硬盤層等。針對原因及，可藉由堆砌較高的田畦、挖掘溝槽讓水流動，並於一處深度較深的位置挖置坑穴，引導水流吸收，將能滲入相當的雨水。

針對原因，最好的對策便是深耕，但實際執行上有相當難度。因此可以選擇其他如栽種直根性作物，擴大耕地表面土層的方法來因應，種植牛蒡、玉米、麥類皆有相當成效。

筆者也建議進行土壤檢查※作業。透過土壤檢查，可掌握肥料成分當中何者占比較高，若有占比較低的肥料，那便可作為其後追肥的參考。

※土壤檢查……專業農家為了能掌握土壤的健康狀態，會利用多種方式進行量測。而家庭菜園僅需量測pH值、氮含量、磷酸量及鈣含量即可。除了坊間售有簡易量測組外，也可向當地農會尋求協助。

牛蒡根部會生長至土壤深處。將牛蒡收成的同時，也能將周圍的土壤進行耕地重整（左圖）。

植株較高的玉米根部也會長得相當深，因此對於吸收土壤中多餘的養分相當有幫助（右圖）。

## 整地時三要素的重要程度

排水　肥料　微生物

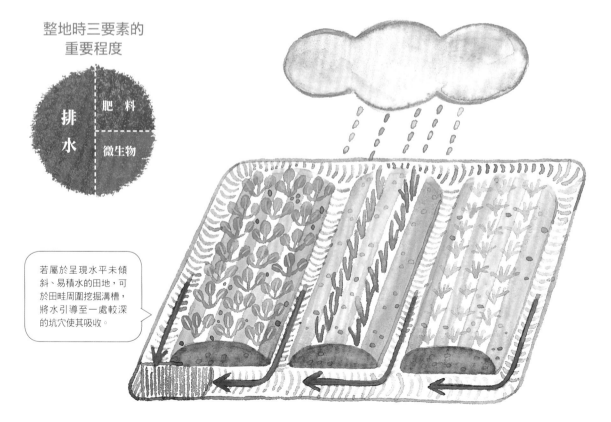

若屬於呈現水平未傾斜、易積水的田地，可於田畦周圍挖掘溝槽，將水引導至一處較深的坑穴使其吸收。

# POINT 4 為田地尋找「保護材料」

有機栽培中，為田地尋找能夠抵擋風雨寒暑等極端自然氣候的「保護材料」對蔬菜培育相當重要。舉例來說，鋪上能夠保溫及防風的不織布、架設能遮擋4～5月晚霜及冰雹的保護網或不織布拱門、防止土壤乾燥的塑膠布、預防蟲害的防蟲網等，方法相當多元。

除了使用市售的農業資材外，選擇天然素材也是相當有效。

譬如於蔬菜四周種植較高的蜀黍類作物達到擋風功效；若在蠶豆旁種植麥類，那麼便可引來蚜蟲的天敵，同時也是益蟲的瓢蟲；此外，若將塑膠布改以稻草鋪蓋，那將能促使生成更多微生物，改善田地土質。

使用天然素材作為保護材料的田地，想必也會讓作物順利生長吧！

利用麥稈或稻草鋪蓋不僅能夠抑制雜草生長、保持土壤水分，更可增加微生物數量。

在種植的同時，架設能預防蟲害的防蟲網。

將植株較高的蜀黍類作物種植於田地四周可達到擋風效果。也可增加蚜蟲天敵—瓢蟲的數量。

## 可改善土壤的豆類及麥類

毛豆等豆科植物根部帶有根粒菌可抓住空氣中的氮氣，滋養田地。此外，稻科的麥類作物有著強大的吸肥力，可將土壤中多餘的肥料吸收，藉以重整失衡的田地土質。

毛豆等豆科植物根部的顆粒中帶有根粒菌。

要將小麥脫殼雖然需要專門的工具，但同時也可將脫殼後的麥稈作其他運用，一舉數得。

# 如何有效率地、不間斷地栽培出美味

若能夠100%完成所有作業，那麼要不間斷地收成美味蔬菜當然不是問題。但如此一來，必須花費相當可觀的勞力。因此建議讀者掌握一些訣竅，理解那些作業需多花費心力。

無論是哪一種蔬菜，整地及栽培的技術基本上大同小異。但若讀者相當注重「不間斷地收成美味」，那麼選定品種、播種次數、追肥、保存方法依種類不同，重要程度也會有所差異。

下圖將蔬菜區分為「果菜類」、「葉菜類」、「結球葉菜類」、「根菜類」及「薯類」，並依種類標示出各作業的重要順序。

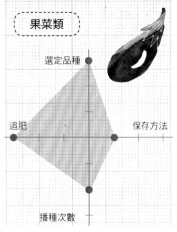

**果菜類**

雖然速效性追肥的製作及使用方式皆有難度，但若在適當時機施予發酵肥料等緩效性肥料將有所助益。建議可挑選種植2個種類以上作物。

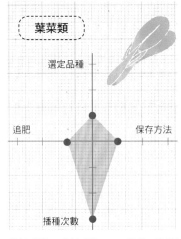

**葉菜類**

若每列的田畦長度為3m，建議可每週播種60cm的距離，分成5次作業。由於葉菜類的收成期間長度約為1週，若以此方式種植將可長時間地收成美味。

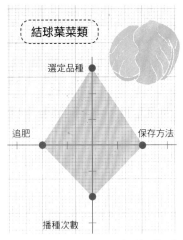

**結球葉菜類**

結球葉菜類依品種不同，生長期長短差異甚大。以高麗菜而言，於7月下旬～8月下旬分2次進行播種，分別播下3品種的種子便可形成多樣性極高的田地。

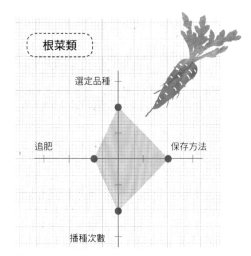

**根菜類**

播種時間點需依照各品種，特別留意抽苔情況發生。若屬冬季可收成的品種，充分做好培土預防寒害，那麼也是可以在冬季期間採收作物。

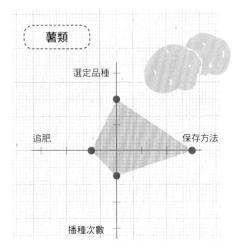

**薯類**

若選擇種植馬鈴薯，筆者推薦收成後馬上食用便相當美味的「KITAAKARI」或存放於通風陰涼處，秋天過後會美味升級的「TOYOSHIRO」品種。透過多品種種植，一整年皆可享用美味。

# 果菜類

從番茄、茄子等
食用果實部位，
到大豆、芝麻等
食用種子部位的蔬菜

# 番茄

[茄科]

難易度　簡單　稍微簡單　稍微困難　**困難**

## 種植重點為肥料及水分控制
## 盡量選購容易栽培的品種

### ■ 推薦品種

『**Home桃太郎**』（瀧井種苗）品種的植株可生長得相當結實，其魅力能夠長時間享受收成。『**麗夏**』（坂田種子）品種對抵禦疾病能力佳，屬較易種植的品種。兩者品嚐起來的味道差異不大，可透過調整栽培方式引出番茄特有的甜味及酸度。

### ■ 栽培計畫

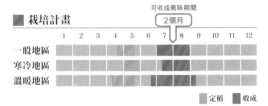

可收成美味期間
2個月

|  | 1 | 2 | 3 | 4 | 5 | 6 | 7 | 8 | 9 | 10 | 11 | 12 |
|---|---|---|---|---|---|---|---|---|---|---|---|---|
| 一般地區 | | | | | | | | | | | | |
| 寒冷地區 | | | | | | | | | | | | |
| 溫暖地區 | | | | | | | | | | | | |

　定植　■ 收成

### ■ 家庭菜園規劃參考

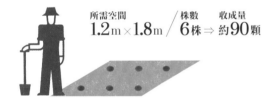

所需空間　　　　株數　　收成量
1.2m×1.8m ／ 6株 ⇒ 約90顆

圖為『Home桃太郎』品種

### ■ 達人傳授祕訣中的祕訣

只要提到夏季人氣蔬菜，那麼非番茄莫屬。第1～2段雖然可以輕鬆長出，但到了第4段便開始有難度。要讓充分番茄的甜味及酸度充分展現，稍微<u>減少肥料使用量及排除雨水、控制水分吸收、頻繁摘除側芽便相當重要</u>。此外，因番茄品種繁多，建議可選擇容易種植的品種。

## 1 備土

若肥料使用量過多，將會造成莖葉生長茂盛，反而不易結出美果果實。為了預防所謂的「植株徒長」情況發生，基本上初期施予發酵肥料後，便可不再施肥。

> **補充小建議**
>
> 發酵肥料係指米糠或麥殼等的發酵物。於每1m²的田畦面積撒上500g發酵肥料，並充分耕地。

### 何謂施予過多肥料？

在種植番茄時，若施予過多肥料，不僅會造成番茄植株不易結果，還容易發生蚜蟲等蟲害。當營養過剩時，會出現番茄莖變粗並產生裂口（上圖）、或花蕚前端又長出葉片（下圖）現象。此外，若肥料使用量過少，則會讓番茄酸味增加。

# ② 整地

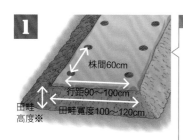

**補充小建議**
由於番茄不喜潮濕，因此建議增高田畦高度藉以提升排水性。但若田地本身的排水性極佳，那以平畦種植即可。

株間60cm
行距90～100cm
田畦高度※
田畦寬度100～120cm

※若畦床排水性佳，可設定為高度0～5cm的平畦。
　若畦床排水性不佳，可設定為高度10～20cm的高畦。

當番茄開始生長，植株高度將相當可觀。枝葉也容易摻雜生長，因此需確保株間及行距應有的空間。

**補充小建議**
若鋪上銀色塑膠布，將可預防蚜蟲。黑色塑膠布則對預防雜草生長相當有效果。

完成田畦堆製後，需鋪上塑膠布。此作業不僅能減少降雨時的泥濘噴濺、預防疾病發生，也可防止土壤中的含水量劇烈變化。

# ③ 定植

**補充小建議**
最近市面上開始販售株苗的時間點越來越早。若採購小型株苗進行種植，建議移植至大一號的盆栽中，讓株苗充分生長後再行定植。

番茄定植的最佳時機為株苗莖部粗度生長紮實，第1花房的花朵開花之前。

定植前的株苗須充分澆水，讓根部吸飽水分。

**補充小建議**
若是選用嫁接苗，深植將無法得到預期的效果，因此讓團根表面與田畦土壤表面高度相當即可。

挖出塑膠布圓洞的土壤，將株苗放入植穴後，再將周圍土壤撥回進行定植，建議可將株苗深植到快埋入雙葉的高度。

定植後於植株根部施予大量水分，並輕覆上些許土壤預防乾燥。

## 運用共生作物

和番茄搭配性極高的作物為羅勒。若將其種植於田畦及植株之間，那麼番茄及羅勒皆可生長良好。兩者同作為料理的搭配性也是絕佳，堪稱是一石二鳥。

# 4 架設支柱&誘引

## 1

將左右兩側的支柱交叉後，
再橫放另一條支柱並綁緊固定。

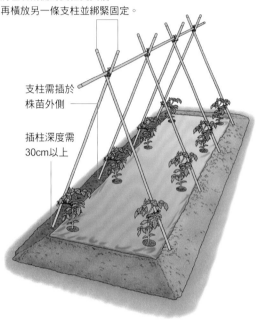

支柱需插於
株苗外側

插柱深度需
30cm以上

因番茄植株高度會不斷向上生長，因此需架設支柱
藉以支撐植株。若田畦內種植2行番茄，需於左右
兩側架設合掌式支柱。若僅種植1行，則於每株番
茄旁架設直立式支柱即可。為避免傷害根部，建議
於定植前至定植完成的一週內進行該作業。

## 2

隨著番茄日益成長，利用繩子
將莖部誘引至支柱。

**補充小建議**

進行誘引時，前設
番茄的莖部生長會
日益粗壯，因此建
議以8字形方式鬆
綁莖部（請參照第
28頁茄子的項目
4）。

## 如此一來省時省力

種植番茄時，誘引及整枝是最花費心力的部分，若利用
「下吊方式」作業，將能輕鬆不少。若需要擋雨的話，
務必試試此方法。

幫番茄進行擋雨作業將可減
少相當多不必要的突發狀
況。可於園藝用品店購買田
畦專用的擋雨棚材料組，相
當便利。

將繩子綁於擋雨棚管柱，垂
吊下拉至番茄植株根部，那
麼將可取代支柱作為誘引，
讓作業更加輕鬆。

配合番茄生長，將繩子纏繞
於主枝。纏繞訣竅為不可將
繩子拉得過緊，需保留些許
鬆度。

## 拉開和馬鈴薯的種植距離

番茄與馬鈴薯同為茄科植
物。當設定輪耕時，往往會
視為同一類型，拉近種植距
離。但當馬鈴薯在接近收成
時，若植株狀態變差，就容
易患病。一旦患病，傳染給
番茄的可能性便相當高，因
此建議拉開番茄及馬鈴薯的
種植距離。在馬鈴薯患病之
前便將其從土中挖掘出來也
是有效方法之一。

# 5 摘除側芽

在尚未到摘芯時期前，需摘除所有從主枝及葉腋長出的側芽，僅保留主枝作單枝栽培。若不如此，養分將會被枝葉瓜分，無法長出優質的果實。

## 如何讓根部充分伸展？

種植初期，在植株不會傾倒的前提下稍慢進行摘芽動作，讓番茄意識到「必須連同側芽的份，努力伸展根部」。此外，進入8月後，當生長穩定、並要進行摘芯之際，便可停止摘側芽作業。如此一來植株將能生長較久。

# 6 預防乾燥

### 補充小建議

在清除走道上的雜草時，需特別注意勿傷害到成長苗壯的番茄。僅需除去土壤表面的雜草，避免傷害植株根部。

梅雨季結束時，番茄會日益苗壯，根部甚至會長出田畦之外。建議完成除草作業後，於走道鋪上稻稈等覆蓋物預防乾燥。

**2**

於走道上充分鋪上稻稈，除了可預防過度乾燥外，還可減少因泥濘飛濺造成的疾病發生。

### 補充小建議

若番茄田有裝設擋雨棚，建議也可使用稻殼。但需確認稻殼是否會隨著雨水流走。

# 7 收成

當整顆番茄變紅至果蒂周圍，那便可以進行採收。

轉動果實，便可輕易從果柄處折摘番茄，無須工具即可收成。

**補充小建議**

若1段中結出太多果實，對植株而言負擔相當大。因此建議保留3顆較大的果實，將其餘結果摘除。若以工具剪下收成時，建議盡可能將果蒂剪短，以避免傷害到其他果實。

## 容易栽培的迷你番茄

大顆番茄雖不易栽培，迷你番茄則容易生長，照料上也較為輕鬆。建議可選擇種植不易罹患葉黴病的品種，如此一來便可順利生長。此外，可採雙幹整枝，不僅拉長收成期間，若種植順利，在進入降霜之前都可享用美味番茄。收成時，如圖片般凹折果蒂，便可輕鬆摘取果實。種植方式則同大顆番茄。

# 8 摘芯

當主枝高度長同支柱時，第5段以下應皆會開出花朵。番茄要往第5段以上生長相當困難，因此建議剪下主枝（摘芯），讓營養得以充分提供給果實。摘芯後即可停止摘側芽動作。若是種植迷你番茄，生長出來的側芽也會結出大量的果實。

## 需特別注意的疾病及對策

### 葉黴病是蕃茄最大的敵人

大顆番茄較容易罹患疾病，需特別注意要讓通風良好。當梅雨季節枝葉摻雜生長時，便會發生葉黴病。除了勤於摘除側芽外，透過摘除下葉或狀態不佳的葉片予以因應。選擇株苗時，務必選購不易罹患葉黴病的品種。

葉黴病的病癥為葉背長有灰色的孢子。

---

# 收成美味不間斷祕訣

## 祕訣 1　減少水分，提高甜度

專業農家會將番茄種植於大型塑膠溫室中，家庭菜園則可選購簡易型的擋雨棚作為遮蔽。

當抑制番茄水分時，番茄莖部會長出細毛，藉以吸取空氣中的水分。

番茄原產於土壤乾燥環境，因此不耐潮濕。若能避免吸取多餘的水分，不僅能讓番茄健康生長，還可預防果皮龜裂，同時增加甜度。

## 祕訣 2　拉高植株高度，便可長時間收成番茄

初學者若能收成第5段的番茄便是挑戰成功。當經驗不斷累積，若能讓更上面的枝段也結出果實，那麼便能更長時間享受收成的樂趣。但因高度的關係，越上段的果實越難採收。若是採用下吊方式進行誘引，那只需將繩子拆下，讓植株墜下摘取果實後再將其綁回便可解決。

# 茄子

[茄科]

難易度　簡單　稍微簡單　稍微困難　困難

## 追肥及收成時多下點功夫，即可結出又長又漂亮的果實

### ■ 推薦品種

『KUROBEE』（渡邊採種場）屬中長形茄子，品種特性為植株會不斷向上生長豎立，適合利用架設網子種植。若是選購具開枝性的『千兩二號』（瀧井種苗）品種，建議利用支柱以3幹整枝方式種植。

### ■ 栽培計畫

可收成美味期間
4個半月

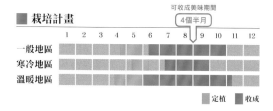

| | 1 | 2 | 3 | 4 | 5 | 6 | 7 | 8 | 9 | 10 | 11 | 12 |
|---|---|---|---|---|---|---|---|---|---|---|---|---|
| 一般地區 | | | | | | | | | | | | |
| 寒冷地區 | | | | | | | | | | | | |
| 溫暖地區 | | | | | | | | | | | | |

■ 定植　■ 收成

### ■ 家庭菜園規劃參考

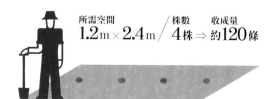

所需空間　1.2m × 2.4m / 株數 4株 ⇒ 收成量 約120條

圖為『KUROBEE』品種

### ■ 達人傳授祕訣中的祕訣

茄子基本上需要大量肥料才能長得又大又肥。除了施予充分的基肥，有機栽培中，要等到肥料顯效需要相當時間，因此建議盡早追肥。此外，定植時需特別注意風勢，最好能避免定植當天或隔天為強風氣候。進行栽培管理時，整枝也相當重要。可利用支柱或網子進行整枝作業。

## 1 整地

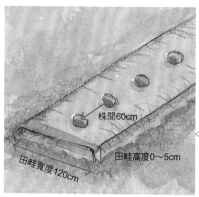

株間60cm

田畦寬度120cm　田畦高度0～5cm

※若種植2行以上，行間距離設定為160cm。

在定植作業2週前，於每1m²的面積撒上2kg堆肥及500g發酵肥料進行耕地。堆出田畦後，鋪蓋上塑膠布。

**補充小建議**

茄子需大量肥料，因此基肥中除了堆肥，還需添加發酵肥料。若使用黑色塑膠布，可減輕後續除草作業的工作量。

## 2 定植

1

定植需在晚霜季節完全結束的時間點。種下雙葉沒有泛黃，開花前的健康茄子株苗。

補充小建議

建議在株苗根部於育苗盆內充分伸展之際（左圖）進行定植，能加快著根速度。若等到根部捲曲（右圖），便開始進入老化階段，其後的生長將會有停滯情況發生。

**2**

在苗株進行定植前，充分施予大量水分。為讓土壤吸飽水分，建議分多次進行澆水。

**3**

用手塑膠布圓洞處的土壤挖出，將株苗淺植。淺植將有助於茄子苗生長。將團根放入植穴中，使其表面與地面相高，之後將土壤輕輕播回覆蓋按壓，並於團根處以澆花器施予水分，此動作稱為「洗根」。

補充小建議

施予大量水分讓團根表面的土壤流動，甚至隱約看見根部，將有助於著根。

**4**

洗根後，將土覆上避免根部乾燥。覆土量為輕微掩蓋根部程度即可。

**5**

定植後1週內，將長約120cm的支柱架設於團根外側，但此時尚無須綁繩進行誘引。

補充小建議

若待著根後才進行支柱架設的話，將會傷害根部。誘引作業等到植株充分生長後再進行即可。

# 3 整枝

於第1朵花含苞待放時進行整枝作業。時間大約是定植後3週，5月下旬～6月上旬期間。

第1朵花
生長
主枝
生長
側芽
摘除

讓長出第1朵花的主枝及其下長出的2支側芽（側枝）繼續生長，並將其餘側芽全數摘除。

補充小建議
第1朵花若進而結成果實，將會對植株整體造成負擔。建議栽培初期時讓植株能夠充分生長。

摘取第1朵花。從第2朵花開始收成果實。

摘下第1朵花的同時，保留主枝與2枝側芽，摘除其餘側芽，並讓從主枝與2側芽所長出的側枝繼續生長。

若植株生長至如圖中程度的話，要將植株與支柱進行綁網作業也較容易進行。繩子以8字形纏繞，綁網時需留些許空隙，不可綁太緊，預留生長空間。

# 4 追肥

**補充小建議**

避免過度鋤土，將追肥撒於走道即可。在種植初期撒下有機質肥料，使其緩慢分解，讓肥料能在需要的期間，發揮長效功效。

整枝的同時進行追肥作業。除草後，撒上小麥殼或米糠。以一株茄子約800g的量撒於走道兩側。若無法取得上述兩樣物品，也可使用油渣，但油渣容易引來蟲類，因此須控制使用量。

追肥作業完成後，於其上覆蓋稻草。不僅能夠預防土壤乾燥，讓地溫維持穩定外，還可抑制雜草生長。就算下雨過後要進入田裡作業也較為輕鬆。

## 若沒有稻草可使用時？

稻草雖可從家庭園藝材料中心購得，但價格不斐。因此可嘗試跟農家索取，或割下長出種子前的芒草等禾科植物作為替代品、也可將玉米或蜀黍類作物收割後存放於屋簷下，必要時拿來取代稻草作使用。

# 5 鋪網

為能夠支撐植株莖枝，需在田畦主要位置架設支柱，並鋪蓋上花網（家庭菜園使用較粗的小黃瓜網即可）。

**如此一來省時省力**

若使用花網，將可省去誘引作業所需的精力及時間。網子設置高度過高或過低都無法提供支撐效果。於6月下旬左右架設網子，並讓植株頂端能些許露出。

## 若沒有花網時該怎麼辦？

若植株數量不多時，可沿著3枝枝幹架設支柱進行誘引。每一植株需準備3根長約2m的扎實支柱，深插入土中約30cm使其不會搖晃，誘引作物攀附於支柱生長。

## 運用共生作物

於茄子植株之間種植唇形科的羅勒，能夠減少討厭羅勒特殊香氣、食用茄子害蟲的二十八星瓢蟲數量。若將被作為綠肥使用的蜀黍類種子灑於茄子四周，夏季長高時不僅能夠遮風，更是培育眾多害蟲天敵的搭配作物。

上圖／夏季時成長苗壯的羅勒。可先將羅勒以育苗穴盤種植，待種苗苗壯後定植於茄子植株間。
下圖／在定植果菜類作物之際，便須將蜀黍類種子直播於田中。一處約播入3顆種子，播種間距為15～18cm，其後無需疏苗，放任生長即可。

茄子

# 6 收成

要同時確保植株生長狀態，並不斷結成果實的訣竅便是在果實尚未生長太大時便予以採收。中長型茄子約100g（長度為10cm）即可採收。

**補充小建議**

當茄子進入收成期時會不斷變粗，因此需每日進行1次採收作業。生長過大將會傷害植株，建議只有週末才能進行作業的讀者須將較小條的茄子全數採收。

# 7 摘芯

主枝生長過高，除了會使收成作業無法順利進行，也易造成植株傾倒，適當修剪避免其不斷生長。主枝修剪後生長出的側枝也會結出果實。

### 果蒂及果實呈現白褐色條斑

茄子常會有二斑葉蟎及薊馬類害蟲吸食汁液，特別是進入8月後發現機率變高。

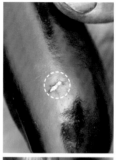
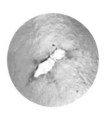

茄子受到薊馬蟲害，使得部分果皮呈現白褐色條斑狀。

果蒂下方藏有南黃薊馬。若有發現務必以手撲滅。

### 葉面呈現白色斑點

若茄子遭二斑葉蟎吸食，葉面會長出白色斑點，彷彿色素被吸取變色，嚴重的話將會開始落葉。梅雨季結束後，氣溫升高、變乾燥時容易發生此蟲害，甚至會讓葉面佈滿吐絲。

左上／茄子遭受二斑葉蟎吸食，葉面會呈現白色斑點狀。
右上／在葉面內側吸汁的二斑葉蟎。
下圖／將葉面內側貼於手心，抽滑葉片撲滅害蟲。

# 收成美味不間斷祕訣

**祕訣 1** 側枝所長出的果實
連同側枝一起收成

從3枝主枝所結成的果實在收成時僅需剪下果實，讓主枝繼續生長。但若是讓從主枝所生長的側枝繼續生長，接下來所結成的果實將較難長大，也容易造成枝葉摻雜生長。因此建議將果實連同側枝一同剪下，停止該側枝的生長，藉以促使新側枝的長成。新側枝結果的速度不僅較快，也更美味。

主枝
僅採收果實
生長
側枝
連同側枝收成
從側枝長出的果實

留下1枝側枝，進行整枝。如此一來讓新側枝生長，並結成果實。

**祕訣 2** 若同一處開出2朵花
需進行摘花

植株在還很年輕的時候，有可能會同一處開出2朵花。若放任其結成果實的話，其中一顆的形狀將會不佳。因此建議在花朵狀態時先行摘除其中1朵，健康狀態不佳的花朵。

**祕訣 3** 摘除下半部多餘的枝葉

建議將被四周葉片遮擋、遭蟲害侵蝕、健康狀態不佳等，無法進行光合作用的葉片摘除。不僅能讓通風良好，還可改善周圍葉片的日照面積，有助於植株順利生長。尤其是高溫潮濕的季節，需特別注意整體通風狀態。

# 青椒

[茄科]

難易度　簡單　**稍微簡單**　稍微困難　困難

## 若確實做好追肥及水份的管理，到晚秋前都能收穫美味的蔬果

### ■ 推薦品種

『ACE』（瀧井種苗）在青椒品種中，雖然收成的果實數量較少，卻能結成較長的中獅子型果實，果肉較厚，相當具吸引力。此外，僅需使用些許的肥料便可苗壯生長，因此相當推薦給剛進入有機栽培的初學者們。

### ■ 栽培計畫

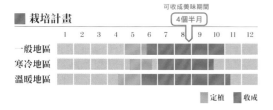

可收成美味期間
4個半月

|  | 1 | 2 | 3 | 4 | 5 | 6 | 7 | 8 | 9 | 10 | 11 | 12 |
|---|---|---|---|---|---|---|---|---|---|---|---|---|
| 一般地區 | | | | | | | | | | | | |
| 寒冷地區 | | | | | | | | | | | | |
| 溫暖地區 | | | | | | | | | | | | |

■ 定植　■ 收成

### ■ 家庭菜園規劃參考

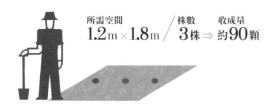

所需空間　　　株數　　收成量
1.2m×1.8m　／　3株 ⇒ 約90顆

圖為『ACE』品種

### ■ 達人傳授祕訣中的祕訣

青椒的種植要領基本上與茄子相同，**需要大量肥料**。另外須特別注意，有機質肥料的顯效速度較慢，因此務必**提早進行追肥作業**。舉例而言，在定植後1個月，便需於土壤表面撒上小麥殼或米糠。如此一來有機質肥料的效果才能緩緩地長久發揮。**盛夏時期則須預防乾燥情形**。

## 1 整地

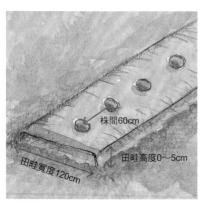

株間60cm
田畦高度0～5cm
田畦寬度120cm

※若種植2行以上，行間距離設定為160cm。

在定植作業2週前，於每1m²的面積撒上2kg堆肥及500g發酵肥料進行耕地。堆出田畦後，鋪蓋上塑膠布。

## 2 定植

1

定植詳細步驟請參照茄子（第26頁）說明。建議採較淺植的方式進行。

摘除嫩芽的時間點為第一朵花開花到結果期間。

定植後1週內，進行支柱架設。若待著根後才進行作業，將會傷害根部。誘引則等到整枝時進行即可。

在進行摘除嫩芽之際，同時將主枝誘引至支柱。利用繩子以8字型纏繞，植株莖部的綑綁需留些許空隙。

# 3 整枝

第一朵花
（果）

側芽

剪除

整枝的重點為以3幹整枝的方式使其整齊。留下長出第一朵花的主枝及其下所長出的2枝側枝，並摘除下方長出的所有嫩芽。

# 4 追肥

**補充小建議**

追肥約在定植1個月後進行。若於5月上旬進行定植，那追肥便於6月上旬作業。若追肥較慢執行時，建議可使用發酵肥料。

於整枝作業時進行追肥。首先將左右走道的雜草除去，並撒上小麥殼或米糠。1株青椒所需的肥料量約為800g。

# 5 預防乾燥

在完成追肥作業時，建議可於走道鋪上稻稈以預防乾燥。若稻稈厚度及密度足夠，還可抑制雜草的生長。

# 6 架設網子

為能夠支撐植株莖枝，需在田畦主要位置架設支柱，並鋪蓋上花網。家庭菜園可以小黃瓜網取代。

## 如此一來省時省力！

為讓青椒植株得以支撐生長，可利用架設支柱進行誘引，但如此一來需配合生長狀況，頻繁地將植株誘引至支柱。若改用網子，將可節省作業時間。

## 青椒的栽培重點為水分管理

栽培青椒時，需注意的重點之一為水分管理。果菜類蔬果中，青椒的水分吸收力較弱，又易受乾燥影響。若有發現果實下方內凹，便是過度乾燥所導致。因此建議定植時，於田畦鋪上塑膠布，夏季炎熱時期再於走道上鋪上稻稈。若盛夏季節連續數日未降雨時，則需於早晚澆水。

# 7 收成

果實生長過大會讓植株狀態變弱，因此夏天產季時，建議每周至少進行2次採收作業。

## 收成美味不間斷祕訣

青椒會不停地結成果實，因此建議在尚未生長過大時進行採收，不僅果實美味、減少對植株的負擔，還可長時間收成作物。果實若有30g便可採收，約3天就需進行1次收成作業。此外，若下雨時進行收成，切口處將容易有病原菌入侵，容易導致收成的果實受損，因此需特別注意。於適當時期進行追肥，注意盛夏季節的水分管理，在果實未生長過大時便先行採收，將可以持續收成青椒到晚秋。

# 辣椒

[茄科]

難易度 　簡單　　稍微簡單　　稍微困難　　困難

## 摘除側芽後，放任生長便可等待收成

### ■ 推薦品種

『鷹爪』為辣椒最具代表性的品種，也相當容易栽培。乾燥的鷹爪辣椒常被用來作為料理添辣時使用。

### ■ 栽培計畫

可收成美味期間
3個半月

| | 1 | 2 | 3 | 4 | 5 | 6 | 7 | 8 | 9 | 10 | 11 | 12 |
|---|---|---|---|---|---|---|---|---|---|---|---|---|
| 一般地區 | | | | | | | | | | | | |
| 寒冷地區 | | | | | | | | | | | | |
| 溫暖地區 | | | | | | | | | | | | |

□ 定植　■ 收成

### ■ 家庭菜園規劃參考

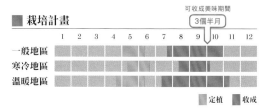

所需空間
50㎝×50㎝

株數
1株 ⇒

收成量
約50～100條

圖為『鷹爪』品種

### ■ 達人傳授祕訣中的祕訣

鷹爪及獅子唐品種辣椒的栽培方式基本上與青椒相同，摘除側芽後，放任生長便可等待收成。此外，需特別注意的重點仍是水分管理。除了不可過度乾燥，還需充分排水，避免過濕情況發生。收成『鷹爪』後還可將乾燥的種子留到隔年播種育苗，繼續栽培。

## 收成

※栽培方法與青椒相同（第32～34頁）

辣椒可以等到全數變紅後，或果實還是綠色時進行收成，甚至可在發現有辣椒變紅時予以採收，隨時享受收成樂趣。此外，保存時可選擇整株連同果實進行乾燥，或採收後進行乾燥兩方法。

### 拉開和獅子唐辛子的種植距離

若將辣味強烈的鷹爪辣椒和帶有微苦及甜味風味的獅子唐品種一起種植，將使得獅子唐受鷹爪影響，種出會辣的獅子唐辛子。若讀者想同時栽培此兩款品種，建議拉開兩作物的種植距離。然而，種植於辣椒旁的青椒不會變辣，因此可以放心栽培。

# 小黃瓜

[葫蘆科]

難易度　| 簡單 | 稍微簡單 | 稍微困難 | 困難 |

## 收成不間斷的祕訣
## 在於整枝及誘引

### ■ 推薦品種

『NATSUBAYASHI』（瀧井種苗）不僅美味，收成量也相當多，此外不易患病，也較不受天候影響，屬容易種植的品種。『SATSUKIMIDORI』（坂田種子）的特色則是口感爽脆有嚼勁，但容易受乾燥氣候影響。

### ■ 栽培計畫

可收成美味期間
4個半月

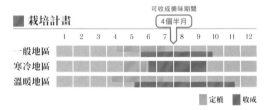

| | 1 | 2 | 3 | 4 | 5 | 6 | 7 | 8 | 9 | 10 | 11 | 12 |
|---|---|---|---|---|---|---|---|---|---|---|---|---|
| 一般地區 | | | | | | | | | | | | |
| 寒冷地區 | | | | | | | | | | | | |
| 溫暖地區 | | | | | | | | | | | | |

■ 定植　■ 收成

### ■ 家庭菜園規劃參考

所需空間
1.2m×1.2m / 株數 4株 ⇒ 收成量 約120條

圖為『NATSUBAYASHI』品種

### ■ 達人傳授祕訣中的祕訣

種植小黃瓜最重要的便是將子蔓予以整枝，並充分將**不斷生長的母蔓進行誘引**。若無進行整枝，讓最先生長的枝節結果，那麼小黃瓜將會一口氣同時長出，接著停止生長。**肥料過多容易患病，肥料過少果實容易彎曲**，因此充分拿捏肥料用量也相當重要。

## 1 整地

在定植作業2週前，於每1m²的面積撒上2kg堆肥及500g發酵肥料進行耕地。堆出田畦後，鋪蓋上塑膠布。

**補充小建議**

預防雜草時可使用黑色塑膠布，預防蚜蟲則建議使用銀色塑膠布。

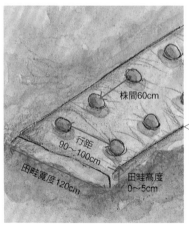

株間60cm

行距
90~100cm

田畦寬度120cm

田畦高度
0~5cm

※若有使用小黃瓜專用架，行距為210cm。

## 2 架設支柱

若是僅種植些許株數的家庭菜園，建議可架設簡易的合掌式支柱。鋪蓋小黃瓜網的話，將可減少誘引作業，需選擇網目較小的規格。

斜插支柱，並於交叉處橫放另一支柱。

將支柱深插入土中至少30cm

若有充足空間，可架設小黃瓜專用管柱，搭配使用小黃瓜網，更可輕鬆栽培。

**補充小建議**

若使用專用管柱，植株不僅更容易照射到陽光，也方便收成垂吊生長於內側的果實。

# 3 定植

抓緊小黃瓜的定植時機相當重要，當株苗根部充分伸展之際即可定植。若等到根部開始捲曲、長出雙葉時才定植將會太晚。

將塑膠布挖洞，種下已先行澆水的株苗。

**補充小建議**

即便深植也要充分讓根部生長。若使用實生苗而非嫁接苗時，可將植株深埋至靠近雙葉位置。

定植後，施予些許水分。

將土壤輕輕撥回覆蓋，目的為預防乾燥，因此無須施力緊壓。

# 4 整枝

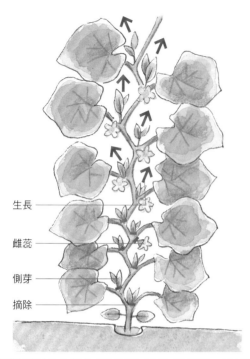

生長

雌蕊

側芽

摘除

摘除從下往上數的6節側芽（子蔓）及雌蕊，使其不致生長雜亂。自第7節起可以選擇採收果實後便摘芯的作法，或放任生長也可不斷收成。

在側芽尚未超過10cm大以前，便從葉腋部整朵摘除。

當藤蔓生長時，利用繩子誘引至網子。

### 補充小建議

若使用小黃瓜網，部分小黃瓜會藉由自身的藤蔓趨附於網上，但只要風吹就有可能脫落，因此利用繩子誘引仍是最佳方式。

### 如此一來省時省力

雖然小黃瓜的誘引作業不可省略，但會花費相當精力。若使用園藝專用的誘引結束機將可使作業輕鬆不少。透過工具的運用，將可使種植作業本身變得較為輕鬆。若使用光分解膠帶，隨著時間經過將會自然分解，不對環境造負擔。

# 5 追肥

定植完成3～4週後，清除走道雜草，並撒上小麥殼或米糠，建議6月上旬以前完成作業。追肥後，於走道鋪上稻稈也可預防乾燥。

### 補充小建議

藤蔓尾端到第一朵雌蕊約需有30cm的距離。距離過短表示肥料不足，距離過長則意味著肥料過多。

# 6 收成

小黃瓜產季時建議每天2次，間隔12小時早晚進行收成。若小黃瓜長成約20cm便予以收成將不會對植株造成負擔。若碰觸刺部將容易造成損傷，需特別注意。

**補充小建議**

當水分或肥料不足時，長出的小黃瓜將會呈現彎曲狀。葉片混亂生長、日照不足及風吹也都是造成彎曲的可能原因。為避免這些彎曲的小黃瓜吸收掉養分，建議在未長大前便先予以摘除。

---

## 收成美味不間斷祕訣

**祕訣 1　採收果實後，便將子蔓摘芯**

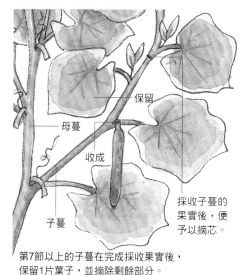

保留

母蔓

收成

採收子蔓的果實後，便予以摘芯。

子蔓

第7節以上的子蔓在完成採收果實後，保留1片葉子，並摘除剩餘部分。

進行小黃瓜整枝時，可選擇放任第7節以上的側芽（子蔓）生長。但若選擇合掌式枝架進行誘引，葉片容易混亂生長。因此建議第7節以上的子蔓在完成採收果實後僅保留1片葉片，並切除（摘芯）剩餘部分，對結出漂亮果實相當有幫助。

**祕訣 2　7月播種，秋季享受收成**

小黃瓜屬果菜類中生長速度較快的作物，播種後約2個月便可收成。若7月播種，因氣溫夠高，可於田畦進行直播，如此一來8月下旬～9月便有機會採收。但這段期間同時也是颱風季節，因此建議選擇沿地生長品種，並將植株根部鋪上稻稈預防乾燥。

# 南瓜

[葫蘆科]

難易度　 簡單 ｜ 稍微簡單 ｜ 稍微困難 ｜ 困難

## 僅保留母蔓栽培生長，將可收成美味果實

### ■ 推薦品種

『味平』（MIKADO協和），若將該品種僅保留母蔓，將可長出質地粉、甜度佳的南瓜，但『味平』屬早生種，建議梅雨季結束前便完成採收。『坊CHAN』（MIKADO協和）屬迷你品種，易於栽培。不易曬傷的『雪化妝』（坂田種子）也是筆者推薦的品種。

### ■ 栽培計畫

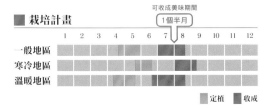

可收成美味期間
1個半月

| | 1 | 2 | 3 | 4 | 5 | 6 | 7 | 8 | 9 | 10 | 11 | 12 |
|---|---|---|---|---|---|---|---|---|---|---|---|---|
| 一般地區 | | | | | | | | | | | | |
| 寒冷地區 | | | | | | | | | | | | |
| 溫暖地區 | | | | | | | | | | | | |

■ 定植　■ 收成

### ■ 家庭菜園規劃參考

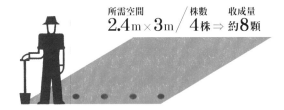

所需空間　　　　　株數　　收成量
2.4m×3m ／ 4株 ⇒ 約8顆

圖為『坊CHAN』品種

### ■ 達人傳授祕訣中的祕訣

依品種不同，整枝的方式雖會有所差異。以一般常見的栗南瓜而言，子蔓所結出的果實與母蔓的結果相比味道較為遜色。因此建議**僅保留母蔓**，以一株僅結出**2個果實**的方式種植，這便是收成美味的祕訣。種植南瓜時還需**控制肥料用量**，肥料過多時會不斷生長葉子及藤蔓，使得結果狀態不佳。

## 1 整地

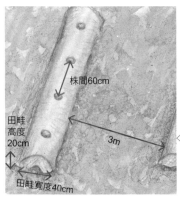

株間60cm

田畦
高度
20cm

3m

田畦寬度
40cm

※選擇僅保留母蔓的方式進行種植（放任種植時的株間為120cm）

在定植作業2週前，於每1m²的面積撒上2～3kg堆肥進行耕地。堆出田畦後，鋪蓋上塑膠布。

**補充小建議**

若選擇僅保留母蔓的方式進行種植，雖然單株可結成的果數量較少，卻能縮短株間的距離。

## 2 定植

1

當幼苗長出3片本葉時，便可進行株苗定植。若根部開始捲曲，便錯過定植最佳時機。

**補充小建議**

於店面販售的株苗往往有過度生長的情況，雖然仍可作為定植，但盡量挑選較年輕的株苗。

## 播種時統一種子方向

要從種子開始栽培南瓜並不困難。在育苗時，若統一種子方向，長出的雙葉將不會相互干涉。4月上旬，若於平箱播種，約莫2週便可看到雙葉若有似無地長出，此時即可移植入育苗盆中，再經過2週，便可進行定植。

定植前，充分澆水讓育苗盆的土壤吸飽水氣將有助於株苗成活。

定植完成後（請參照第37頁小黃瓜），於株苗根部輕覆上土壤預防乾燥。

為了預防晚霜、風吹及黃守瓜蟲害，需架設拱門並鋪上不織布。防蟲網無法抵擋霜害，因此需特別注意。

### 如此一來省時省力

若植株數量不多的話，無須架設鋪上不織布的拱門，改利用暖罩覆蓋會輕鬆許多。盡量挑選尺寸較大規格。

### 為何植株不會長大呢？

當南瓜定植後，有可能會立刻發生植株枯萎的情況，這是黃守瓜的幼蟲侵食根部、成蟲侵食葉片所導致。因此才需要覆蓋不織布或暖罩來預防黃守瓜蟲害。當植株成長至充分著根時，即便遭受黃守瓜侵食，還是能繼續生長，將不會造成問題。

根部疑似遭侵食的植株，生長狀況不樂觀。

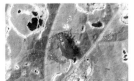

侵食葉片的黃守瓜。

# 3 整枝

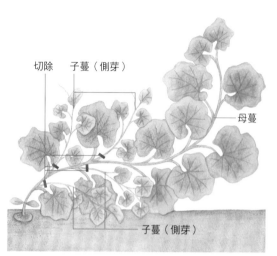

切除　子蔓（側芽）

母蔓

子蔓（側芽）

整枝的方式為僅保留母蔓，因此將所有的子蔓切除。母蔓長度約為60cm時進行整枝作業。

補充小建議

雖然也可選擇不切除子蔓放任生長，但將會佔去相當空間。因此若僅保留母蔓，不僅能夠節省空間，更可收成美味果實。若讓植株生長至如圖中狀態再進行整枝，根部已充分伸展，將讓植株更為強壯。

# 4 鋪上稻草

鋪上稻草是有目的。首先是能夠固定植株，南瓜不喜植株隨著風吹擺動，若捲曲的藤蔓能確實纏繞於稻草，將可預防風吹移動。

鋪上稻草還有預防雜草及乾燥的好處。也可以割下的草類代替。

補充小建議

若無法準備大量稻草時，於植株根部到藤蔓2/3處進行鋪蓋即可，藤蔓前端長出稻草之外也無大礙。

## 種植麥作時保留麥稈

若菜園附近有農家肯提供稻草當然最好，但若無時，出乎意料地很難取得。當然能在家庭園藝材料中心或一般園藝用品店購得，但若需相當數量時，金額也將很可觀。若田地尚有空間，建議可於晚秋播下麥種，如此一來將能自備麥稈。若10坪用來栽培夏季蔬菜，那麼將10～15坪拿來種植麥作便相當充裕。在輪作期間種植麥作，以有機栽培的整地角度而言也相當有益。

於6月收割小麥。正好可拿來做為夏季蔬果栽培用麥稈。

小麥相當適合作為綜合栽培（living multi）。初夏播種的話，植株高度不會過高，還可抑制雜草生長。

# 5 預防變色、曬傷

當果實接觸到土壤，將容易造成變色或受到蟲害，建議可以專用托盤鋪於南瓜下預防，也可將食品用塑膠托盤挖幾個排水孔替代使用。

若直射強烈陽光將會使南瓜曬傷，損害果實內部。當莖部開始變黃，果實不再長大之際，可用報紙包覆。

# 6 收成

當果實連結藤蔓的果柄部分呈現乾枯狀時，便可進行採收。僅保留母蔓種植時，每株約可收成2顆，放任生長則可收成4顆。收成後須放置於通風陰涼處追熟。

**補充小建議**

若太晚收成，將可能從果蒂處開始腐爛，需特別注意。

# 收成美味不間斷祕訣

## 種植多款品種，長時間享受栽培樂趣

若南瓜花費長時間進行栽培，將容易發生白粉病。因此藉由僅保留母蔓種植，讓一植株只結出2顆果實，盡早收成可減少發生白粉病機率，結出的果實也相當美味。

若讀者希望長時間享受收成樂趣的話，在此推薦透過栽培收成期間及保存期限相異的多款品種南瓜方法。另外也有夏季播種、秋季收成的種植方式，但採收的南瓜味道略為遜色。

❶『味平』……屬早生種，建議7月梅雨季結束前完成採收，可存放至9月。
❷『坊CHΛN』……7月收成，可存放至9~10月。
❸『KACHIWARI』（自然農法中心）……8月收成，可存放至2月。
❹『冬至』（MIKADO協和）……8月收成，可存放至12月。
❺『宿儺南瓜』……8月收成，可存放至2月。
❻『K-7』（自然農法中心）……8月收成，可存放至2月。

# 櫛瓜

[葫蘆科]

難易度　簡單　稍微簡單　稍微困難　困難

## 將植株踩倒，預防莖部折斷，才可長時間收成

### ■ 推薦品種

『GREEN TOSUKA』（坂田種子）的莖部長度較短，不易折斷，容易栽培。『DINER』（瀧井種苗）的莖部會持續生長，可長時間收成。

### ■ 栽培計畫

可收成美味期間
2個月

| | 1 | 2 | 3 | 4 | 5 | 6 | 7 | 8 | 9 | 10 | 11 | 12 |
|---|---|---|---|---|---|---|---|---|---|---|---|---|
| 一般地區 | | | | | | | | | | | | |
| 寒冷地區 | | | | | | | | | | | | |
| 溫暖地區 | | | | | | | | | | | | |

■ 定植　■ 收成

圖為『GREEN TOSUKA』品種

### ■ 家庭菜園規劃參考

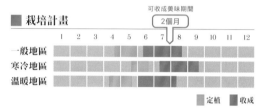

所需空間
1m×1.8m

株數
3株 ⇒

收成量
約30條

### ■ 達人傳授祕訣中的祕訣

櫛瓜生長快速，定植後1個月左右便可收成，但相當不耐盛夏的酷熱，因此能享受收成的時間僅1個月左右。若定植時於株苗覆蓋不織布或塑膠布，將可提前1～2週進行種植，如此一來收成期間便可拉長。此外，果實沾到土壤便會受損，因此建議鋪上塑膠布。株苗需選擇本葉數量為3片的幼苗。

## 1 整地

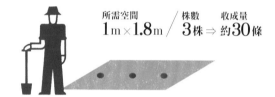

株間60cm

田畦寬度100cm

在定植作業2週前，於每1m²的面積撒上2～3kg堆肥進行耕地。堆出田畦後，鋪蓋上塑膠布。

#### 補充小建議

櫛瓜類似南瓜，在果菜類作物中僅須施予少量的肥料便可種植。若肥料過剩，莖部及葉片將會不斷生長，使得結果狀況不佳。

## 2 定植

株苗為3片本葉時最適合定植。將株苗充分澆水後進行定植，完成作業後，再次澆水，輕輕覆上土壤預防乾燥。

# 3 架設拱門

定植的同時，可選擇於拱門鋪上不織布，或於株苗蓋上暖罩。

**補充小建議**

不織布或暖罩可以預防晚霜、風吹或黃守瓜所帶來的損害（圖為黑守瓜），具有保溫效果，因此可稍微提早進行株苗定植，如此一來收成期間也可拉長。

# 4 人工授粉

生育初期，若與雌花相比，雄花數量較少，或尚未進入昆蟲活動期，都將難以授粉，此時採取人工授粉會較有成效。當雌花（根部呈現膨脹狀）開花後，取雄花（根部無膨脹）摘除花瓣（左圖），將雄蕊靠著雌蕊轉一圈（左圖）完成授粉。人工授粉須在開花的早晨進行。

# 5 摘果

若授粉未成功，或因某些原因未能順利生長的果實須盡早摘除，這樣才能讓營養回到植株上。

# 6 預防莖部折斷

由於櫛瓜的植株會越長越大，因此可能會發生莖部折斷或植株倒伏。為預防上述情況發生，須採取架設支柱等方式應對。

**如此一來省時省力**

若覺得架設支柱相當麻煩時，可以採取以腳踩踏櫛瓜植株使其倒臥的方法。作業時期為收成第1條長至30～40cm左右的櫛瓜時。充分踩踏使其倒臥，直到葉片幾乎碰觸到地面，但不可過度用力踩踏，踩踏訣竅為「慢慢地」。每株的踩踏時間為1分鐘左右。

# 7 收成

別讓果實生長過大，長度約30cm便可收成，不僅易於烹煮，也相當美味。每一植株每週約可收成2條櫛瓜。另有如圖中的黃色品種。

# 苦瓜

[葫蘆科]

難易度 | 簡單 | 稍微簡單 | 稍微困難 | 困難

## 喜好高溫，因此建議稍晚進行定植作業

### ■ 推薦品種

又粗又長的「太長」屬在來品種，適合喜歡苦味的讀者。與「太長」相比，『HORONIGAKUN』（TOKITA種苗）苦味較淡，容易食用。

### ■ 栽培計畫

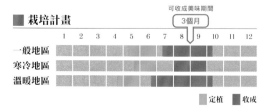

可收成美味期間
3個月

| | 1 | 2 | 3 | 4 | 5 | 6 | 7 | 8 | 9 | 10 | 11 | 12 |
|---|---|---|---|---|---|---|---|---|---|---|---|---|
| 一般地區 | | | | | | | | | | | | |
| 寒冷地區 | | | | | | | | | | | | |
| 溫暖地區 | | | | | | | | | | | | |

■ 定植　■ 收成

### ■ 家庭菜園規劃參考

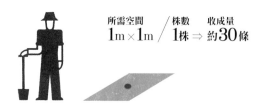

所需空間
1m×1m

株數
1株 ⇒

收成量
約30條

圖為『HORONIGAKUN』品種

### ■ 達人傳授祕訣中的祕訣

苦瓜在氣溫較低時進行定植的話，種植初期的生長速度較為緩慢，當一旦正式進入夏季，藤蔓將會開始茂盛生長，不斷展葉。苦瓜**喜好炎熱，因此定植時期可以較其他夏季蔬果稍晚**，約為5月中、下旬。因**苦瓜栽培期間較長，建議基肥用量須較多，並使用發酵肥料**。每1植株便可收成大量苦瓜，但若種植多株時，建議株距為1m。

## 1 整地

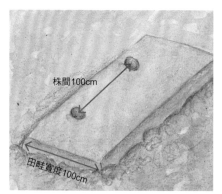

株間100cm

田畦寬度100cm

※若採用合掌式支柱，則於田畦單側種植1行即可。

在定植作業2週前，於每1m²的面積撒上2kg堆肥及500g發酵肥料進行耕地。堆出田畦後，鋪蓋上塑膠布。

## 2 架設支柱

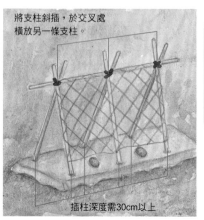

將支柱斜插，於交叉處橫放另一條支柱。

插柱深度需30cm以上

**如此一來省時省力**

鋪上小黃瓜網後，只要初期以繩子進行誘引，其後苦瓜的藤蔓便會自行纏繞，減少誘引作業所需花費的時間。

將支柱以合掌式架設，並鋪上小黃瓜網。

# 3 定植

選擇本葉為3～4片，根部充分伸展整個育苗盆的株苗。

將株苗事前澆水後再行定植。

## 充分利用初期生長較慢特性

苦瓜的定植時期不僅較其他夏季蔬果慢，氣溫較低時，生長速度也較遲緩。因此能夠充分利用空間，於同一田畦種植其他蔬果，譬如種植無蔓四季豆，不僅栽培期間短，和苦瓜相互也不會有負面影響。

# 4 整枝

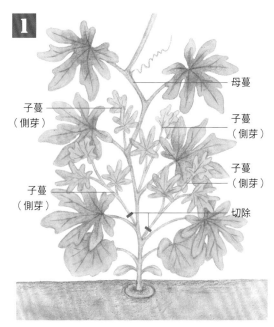

母蔓

子蔓
（側芽）

子蔓
（側芽）

子蔓
（側芽）

子蔓
（側芽）

切除

在第1朵花開花之前，切除下方所生長出來的2枝側芽，其後放任生長。

> **補充小建議**
>
> 苦瓜的藤蔓及葉片會生長旺盛，不斷生長的情況下，葉片會混亂摻雜，將會影響透風性。但若摘除側芽便可解決此問題，讓苦瓜健康生長。

在整枝的同時，將藤蔓以繩子誘引並捆綁至網子。其後捲曲的藤蔓便會自然地攀附於網子上，可節省誘引作業所需花費的時間。

# 5 收成

依品種不同，從生長到適當大小的果實開始收成。「太長」類型大約為40cm左右、『HORONIGAKUN』（如圖）則是長至30cm左右便可採收。

# 西瓜

[葫蘆科]

難易度　簡單　稍微簡單　稍微困難　困難

## 人工授粉為重點，即便放任生長也可以結出美味果實

### ■ 推薦品種

與大顆品種相比，小顆品種較容易栽培。『紅小玉』（坂田種子）為重量約2kg，大小可以手拿取的小顆品種，口感佳，也有甜度，相當美味。大顆品種則推薦『黑太郎』，該品種也是香甜美味。

### ■ 栽培計畫

可收成美味期間
1個半月

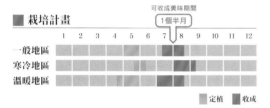

| | 1 | 2 | 3 | 4 | 5 | 6 | 7 | 8 | 9 | 10 | 11 | 12 |
|---|---|---|---|---|---|---|---|---|---|---|---|---|
| 一般地區 | | | | | | | | | | | | |
| 寒冷地區 | | | | | | | | | | | | |
| 溫暖地區 | | | | | | | | | | | | |

■ 定植　■ 收成

### ■ 家庭菜園規劃參考

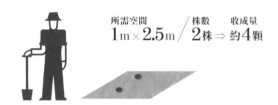

所需空間　1m×2.5m ／ 株數 2株 ⇒ 收成量 約4顆

圖為『紅小玉』品種

### ■ 達人傳授祕訣中的祕訣

西瓜雖讓人有不易種植的印象，但只要施予<u>最低限度的照料，就算放任栽培也可健康長大</u>。<u>種植重點為人工授粉</u>。靠近根部所結成的果實較為美味，若想確實授粉的話，請務必嘗試看看。要品嚐美味，<u>抓緊最佳收成時期</u>也相當重要。

## 1 整地

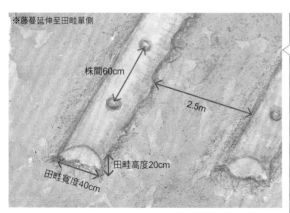

※藤蔓延伸至田畦單側

株間60cm

2.5m

田畦高度20cm

田畦寬度40cm

在定植作業2週前，於每1m²的面積撒上3kg堆肥進行耕地。堆出田畦後，鋪蓋上塑膠布。

**補充小建議**

為了縮小塑膠布的鋪蓋寬度，增加著根後稻稈可鋪蓋的空間，因此縮小了田畦寬度。若藤蔓盡早纏繞稻稈的話，將不易被風吹動，有助於西瓜初期的生長。

# 2 定植

本葉3～4片時即為定植的最佳時機。將株苗充分澆水後，種入塑膠布的植穴，其後再次施予些許水分，並輕輕覆上土壤預防乾燥。

定植同時，架設拱門支柱並覆蓋上不織布。

> **補充小建議**
>
> 完成定植株苗作業時，西瓜易受風吹影響，也容易發生蚜蟲蟲害，因此可於拱門鋪蓋上不織布或使用暖罩，都是有效對策方式。

# 3 鋪上稻草

當藤蔓長出塑膠布時，於田畦側邊的空間鋪上稻草。目的在於讓藤蔓纏繞於稻草，即便風吹也不會搖動。此時，讓母蔓方向統一與田畦呈90度直角，讓生長的空間均等。

# 4 人工授粉

雌花（根部呈現膨脹狀）開花後，摘下雄花（上圖），將雄蕊的花粉沾附於雌蕊上（下圖）。人工授粉需在中午前進行。

> **補充小建議**
>
> 若是有相當多蜜蜂等昆蟲棲息的環境，將不需要進行人工授粉，但若希望靠近根部位置能夠確實結果，人工授粉將有所幫助。

# 5 鋪上「坐墊」

果實若接觸土壤，將容易變色及遭受蟲害。因此建議使用專用托盤或將食品用托盤挖排水孔後，當成坐墊般鋪於果實下方。

# 6 預防鳥害

西瓜容易被烏鴉鎖定侵食。當果實變大時，可以報紙包裹預防烏鴉食用，也可避免果實曬傷。

# 7 收成

抓緊最佳時機進行收成（參照下述內容）。

---

# 收成美味祕訣

## 祕訣 1 判斷果柄顏色

雖然西瓜常被說不好分辨是否已是可採收狀態，但還是有許多判斷方法。基本上可以授粉後的天數（依品種不同，約為35～45天）來估算就不會有太大誤差。若不知何時授粉，首先觀察連接果實及藤蔓的果柄是否約略呈現枯萎狀來判斷，若其中帶有咖啡色線條的話，便表示已可採收。若等到果柄完全枯萎就太遲了。

當果柄開始枯萎，帶有咖啡色線條的話，便可採收。

若果柄呈現鮮豔綠色，那表示果實尚未成熟。

## 祕訣 2 判斷拍打聲響

拍打西瓜，以聲音判斷是否成熟是從以前便開始使用的方法。西瓜若夠成熟，拍打出來的聲音會偏低，建議可拍打幾顆西瓜比較，挑選其中聲音最低者進行採收。

## 祕訣 3 判斷藤蔓狀態

在西瓜各部位的藤蔓中，需特別留意從連結著果實的節所延伸出來的藤蔓狀態。當果實成熟時，綠色的藤蔓會開始枯萎。當該藤蔓完全枯萎時，便是西瓜的採收時機。

## 可長時間存放至初冬
# 冬瓜

冬瓜定植約在5月下旬，生長初期速度較緩慢。當著根後，可選擇放任生長。從母蔓到孫蔓皆可結出果實，1株植可長出5～6顆，能長時間享受採收也是冬瓜的魅力。一般品種的話，結出來的果實會相當大，因此建議選擇適合料理、體積偏小的迷你品種。

和西瓜相同需藉由藤蔓纏繞固定，因此鋪上稻稈步驟相當重要。

# 可依照西瓜栽培方法種植的蔬菜

## 享受自製扁蒲乾樂趣
# 扁蒲

扁蒲定植約在5月中旬，生長速度比冬瓜快。扁蒲也可選擇不進行整枝、放任栽培，1植株約可收成2顆扁蒲。收成後將扁蒲切成輪狀，挖出種子，從內側以削皮刀削成條狀，接著以烤箱烘乾，便可完成自製扁蒲乾。可用指甲插入果皮判斷扁蒲熟度，若在果皮尚軟，未完全成熟便先行採收，削果肉作業會較好進行。

將扁蒲條以繩子吊起進行日曬，製成扁蒲乾。

# 秋葵

[錦葵科]

難易度　簡單　稍微簡單　稍微困難　困難

## 無須疏苗，種植多株可收成軟嫩果實

### ■ 推薦品種

『BLUE SKY Z』（MIKADO協和）的植株強度堅挺，不易枯萎。『STAR LIGHT』（武藏野種苗園）表面不易生成凸起點，可結成漂亮果實。

### ■ 栽培計畫

可收成美味期間
3個半月

| | 1 | 2 | 3 | 4 | 5 | 6 | 7 | 8 | 9 | 10 | 11 | 12 |
|---|---|---|---|---|---|---|---|---|---|---|---|---|
| 一般地區 | | | | | | | | | | | | |
| 寒冷地區 | | | | | | | | | | | | |
| 溫暖地區 | | | | | | | | | | | | |

■ 播種　■ 收成

圖為『BLUE SKY Z』品種

### ■ 家庭菜園規劃參考

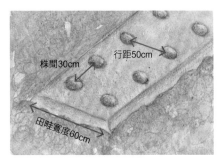

所需空間 60㎝×1.8m ／ 株數 12株 ⇒ 收成量 約240條

### ■ 達人傳授祕訣中的祕訣

秋葵喜好高溫環境，因此可在地溫上升的5月中旬進行播種。秋葵屬直根特性，**建議於田地進行直播**。生長初期容易發生蚜蟲蟲害，即便生長狀態不佳，只要**立刻重新播種，仍是來得及種植**。當生長到某種程度後，便可採取近乎放任栽培，無需特別照料。在**果實開始變硬之前，頻繁採收**享受樂趣。

## 1 整地

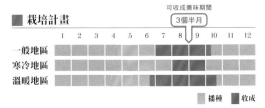

行距50cm
株間30cm
田畦寬度60cm

播種2週前，於每1m²的面積撒上2～3kg堆肥進行耕地。堆出田畦後，鋪蓋上塑膠布。

> **補充小建議**
> 秋葵喜好礦物質，因此也可選擇施予發酵肥料。

## 2 播種

一處播下3～4顆種子，於田地直播即可。

> **補充小建議**
> 在塑膠布挖開播種用植穴後，將種子播於植穴中央1～2cm深處。若發出的幼芽無法長超過塑膠布的話，容易因炎熱枯萎。

**2** 若一處的幼芽數量為2～4枝，無須疏苗，可使其繼續生長。

### 如此一來省時省力

若採單株種植方式栽培秋葵的話，植株生長過度茂盛，進而使得果實偏硬。反觀選擇2～4株複數種植，較容易結出軟嫩果實。也無須進行疏苗，節省作業時間。

**3** 花朵會從植株下方往上依序開出，並結成果實。

# 3 收成

以剪刀剪下果實。

## 收成美味
## 不間斷祕訣

當秋葵進入產季時建議每天採收。約6cm長的小型秋葵口感柔軟較美味，若繼續長大的話，果實會變越硬，甚至無法食用。另有一『八丈秋葵』品種，特色為果實即便生長較大，也不易變硬。

# 4 剪掉下葉

**2** 在採收的同時，剪掉收成節（上圖，箭頭處）下1段的葉片。在收成時順便修剪，讓植株下半部較為清爽（左圖）。

補充小建議

也有讀者會將收成節的葉片去除，但剪掉下1段葉片的方式可讓植株生長更健壯。若在收成時一同去除葉片，不僅透風性改善，植株也不易傾倒，更可防止忘記採收。

植株下方若長出側芽，可選擇放任生長。

### 如此一來省時省力

若秋葵生長初期階段未受蚜蟲蟲害，那麼將無須疏苗，節省精力。筆者唯一強烈建議須進行的作業便是採收時切除下葉。而植株下方所長出的側芽便放任生長，若從此處結成果實還可採收的話，那也非常划算。

### 需特別注意的蟲害及對策

#### 捲曲葉片中容易藏有蛾的幼蟲

觀察田中栽培的秋葵，有時會發現捲曲狀的葉片（左圖）。其中藏著棉野螟蛾的幼蟲（右圖），俗稱捲葉蛾。此蟲甚至會將葉片吃個精光，因此若有發現，須將捲曲的葉片連同幼蟲一併撲滅。

# 玉米

[禾本科]

難易度　簡單　稍微簡單　稍微困難　困難

## 面對玉米大敵害蟲玉米螟的對策為規劃盡早採收

### ■ 推薦品種

『RUNCHER82』（瀧井種苗）的植株高度較低，不易傾倒，生長速度快且極具甜味。『味來』則是玉米粒可長至果實最頂端，香甜美味。

### ■ 栽培計畫

可收成美味期間
[1個半月]

| | 1 | 2 | 3 | 4 | 5 | 6 | 7 | 8 | 9 | 10 | 11 | 12 |
|---|---|---|---|---|---|---|---|---|---|---|---|---|
| 一般地區 | | | | | | | | | | | | |
| 寒冷地區 | | | | | | | | | | | | |
| 溫暖地區 | | | | | | | | | | | | |

■ 定植　■ 收成

### ■ 家庭菜園規劃參考

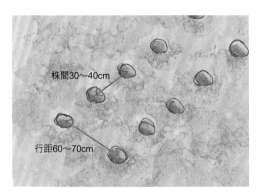

所需空間　　株數　　收成量
1m×4m　／ 20株 ⇒ 約20條

圖為『RUNCHER82』品種

### ■ 達人傳授祕訣中的祕訣

若玉米採有機栽培，要收成漂亮果實還真是比想像中困難。如雄花前端有玉米螟幼蟲入侵、椿象侵食著果實等**蟲害**都是影響因素。若於**4月中定植**，**提早於7月底前完成採收**的話，將可減少蟲害發生。此外，若肥料不足，將使得玉米粒生長情況不佳，因此須**充分施予基肥**。

## 1 整地

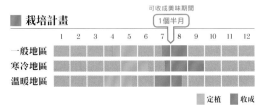

株間30～40cm

行距60～70cm

於每1m²的面積撒上100g發酵肥料進行耕地。為讓玉米果粒大小均一、確實授粉，其他植株雄花的花粉也能用來進行雌穗授粉便相當重要。以2行進行施作的效率較佳，其後還須培土，因此無須鋪蓋塑膠布。

## 2 定植

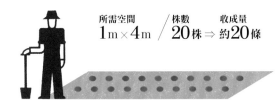

若株苗3片本葉皆長成約15cm長時，便可進行定植。若是4月下旬過後，則可直接將種子直播於田中。播種時，每一處播下2顆種子，發芽後摘除其中一株，單留一株栽培。

**補充小建議**

若進行育苗，還行預防鳥類侵蝕的好處。利用育苗穴盤，3月下旬選擇種植於溫室，4月則將隧道蓋上雙層塑膠套，或置於溫暖窗邊培育。於4月中定植的話，可減少玉米螟蟲害的發生。

# 3 架設拱門

定植株苗後，為了預防蟲害、風吹及晚霜影響，須於拱門鋪蓋不織布或防蟲網。

# 4 培土

定植後約1個月，當植高度長至40～50cm時便可進行培土，至少將最下方的葉片覆蓋。再經過2週時，進行第二次培土。

**補充小建議**

只要確實培土，根部充分伸展，即便植株被風吹到些微傾倒，還是能自行站立生長。但若是雌花開花時被吹倒，會使得授粉無法順利進行，因此須馬上將其扶起。

## 需特別注意的蟲害及對策

### 擊退玉米螟的祕訣

葉腋遭蟲害侵食的痕跡。

從切下的莖部中發現了玉米螟幼蟲。　建議盡早將完成授粉的雄花切除。

當梅雨季結束、開始正式進入夏季時，玉米螟的數量會大幅增加。提前於7月底前完成採收有其效果外，切除雄花，避免玉米螟從此處入侵也是方法之一。授粉結束，觸摸雄花也不會有花粉產生時，便可摘除。

## 收成美味不間斷祕訣

1植株僅栽培1條玉米的話，長成的果實較漂亮。保留最初長大的最上端玉米，其他的在雌蕊長出約1週後摘除，作為玉米筍食用也相當美味。在等待收成成熟美味的玉米之前，可先充分享用玉米筍。

# 5 收成

收成時機可透過玉米鬚的顏色判斷。玉米鬚變成咖啡色時便是採收期。握住雌穗時，可以感受到玉米粒生長紮實的觸感。

玉米的採收時期相當短，大約只有1週。若希望長時間享用現採的新鮮玉米，建議可將播種分成2～3次進行。

# 四季豆

［豆科］

難易度　簡單　稍微簡單　稍微困難　困難

## 分成春夏2次播種，可長時間享受收成

### ■ 推薦品種

『KENTUCKY101』（瀧井種苗）的收成數量多，即便豆莢變大也是口感軟嫩。『ICHIZDU』（金子種苗）的豆莢不易彎曲，外型漂亮。

### ■ 栽培計畫

可收成美味期間
2個月

| | 1 | 2 | 3 | 4 | 5 | 6 | 7 | 8 | 9 | 10 | 11 | 12 |
|---|---|---|---|---|---|---|---|---|---|---|---|---|
| 一般地區 | | | | | | | | | | | | |
| 寒冷地區 | | | | | | | | | | | | |
| 溫暖地區 | | | | | | | | | | | | |

播種　定植　收成

### ■ 家庭菜園規劃參考

所需空間
1m×1m

株數
3株 ⇒

收成量
約300條

圖為『KENTUCKY 101』品種

### ■ 達人傳授祕訣中的祕訣

四季豆分為「有蔓種」及「無蔓種」兩類型。前者特色為能夠長時間享受收成，後者則較容易栽培，可快速收成。因四季豆可栽培的期間很長，**建議分成春播及夏播充分享受**。若進入5月，也可選擇於田中直播種植，但四季豆不喜盛夏酷熱，因此4月左右先於育苗盆中播種，5月再進行定植較能長時間享受收成。

## 1 育苗

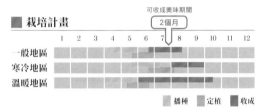

於育苗穴盤（25穴×6cm大小）倒入培養土，1穴播下1～2顆種子。

#### 補充小建議
利用育苗盤穴提早播種，避開晚霜進行育苗，讓可採收時間提前，拉長收成期間。建議於光線良好的屋簷下育苗。

## 2 整地

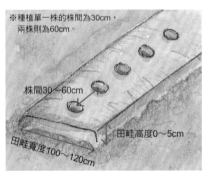

※種植單一株的株間為30cm，兩株則為60cm。

株間30～60cm

田畦高度0～5cm

田畦寬度100～120cm

在定植作業2週前，於每1m²的面積撒上2kg堆肥進行耕地。堆出田畦後，鋪蓋上塑膠布。

#### 補充小建議
若同一植穴種植2株時，株間須較寬闊，若一植穴僅1株，則可縮小間距。

# 3 定植

播種約1個月後,當雙葉除外再長出2片新葉時,便可定植田中。

**補充小建議**

雖然不可太晚進行定植相當重要,但若株苗生長太高時,建議將雙葉以下的部分全部埋入土中,避免株苗傾倒。

# 4 架設支柱

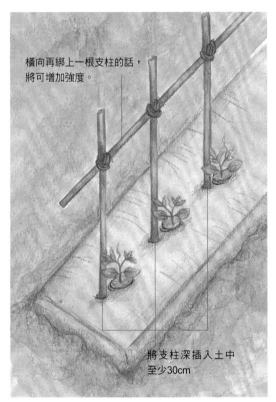

橫向再綁上一根支柱的話,將可增加強度。

將支柱深插入土中至少30cm

將長度約2m的支柱依附著植株確實插入土中。並可橫向追加一條支柱,以增加強度。也可選擇合掌式架設法。

**補充小建議**

栽培初期藤蔓不會自行攀附於支架上,因此須以繩子進行誘引。

# 5 收成

進入產季時,建議每天皆進行收成,盡可能在四季豆還很幼嫩時完成採收。如此一來也不會給植株造成負擔。有蔓種(上圖)的採收期間約為1個月,無蔓種(下圖)則約2週。

### 收成美味不間斷祕訣

四季豆是能夠長時間栽培的蔬菜種類。只有高溫的盛夏季節,花朵掉落不易結果。一旦進入秋季便會開始結果。若延續春播,接著於7月中~下旬再次播種的話,將可長時間享受收成。

**如此一來省時省力**

四季豆夏播時期可設定在5月上旬,也就是小黃瓜的採收作業即將完成之際。將四季豆直播於小黃瓜植株底部,當2~3週後小黃瓜栽培結束,將小黃瓜自植株根部截斷後直接接續種植四季豆,截斷後的小黃瓜便會枯萎,可作為四季豆用支柱,如此便可省去架設作業。再者,栽培小黃瓜時所剩下的肥料便可讓四季豆充分生長。

# 毛豆

[豆科]

難易度 | 簡單 | 稍微簡單 | 稍微困難 | 困難

## 無須疏苗，架設拱門放任其隨意生長

### ■ 推薦品種

『天峰』（坂田種子）不易莖葉營養過剩，收成量既多又穩定。『湯上娘』（金子種苗）雖然容易莖葉營養過剩，卻相當美味。

### ■ 栽培計畫

可收成美味期間
2個月

| | 1 | 2 | 3 | 4 | 5 | 6 | 7 | 8 | 9 | 10 | 11 | 12 |
|---|---|---|---|---|---|---|---|---|---|---|---|---|
| 一般地區 | | | | | | | | | | | | |
| 寒冷地區 | | | | | | | | | | | | |
| 溫暖地區 | | | | | | | | | | | | |

播種　定植　收成

### ■ 家庭菜園規劃參考

所需空間
1m×1.5m

株數
40株 ⇒ 約40株

圖為『天峰』品種

### ■ 達人傳授祕訣中的祕訣

雖然毛豆就是將未成熟的大豆莢進行採收，但若要春播時，須選擇栽培毛豆專用種，另還有於6～7月將大豆用品種進行播種的方法。需特別注意不可施予過多肥料。一旦肥料過剩，便容易造成「植株徒長」，只長莖葉，不長果實的情況。此外，為了避免受到晚霜寒害，建議選擇育苗或待氣溫較高時進行直播。

## 1 育苗

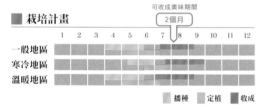

於育苗穴盤（25穴×6cm大小）倒入培養土，每1穴播入2顆種子，置於溫暖處進行育苗。

#### 補充小建議

若進行育苗便可避開霜害，因此可以比在田中直播更早開始栽培。利用育苗穴盤播種為4月左右，直播則是5月。

## 2 整地

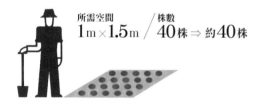

株間30cm
行距30cm
田畦寬度100～120cm
田畦高度0～5cm

若是使用之前有施予肥料種植過蔬菜的田地，那麼不用施肥也可栽種毛豆。若想節省除草的時間，建議鋪上黑色塑膠布。

# 3 定植

播種約1個月後,當雙葉除外再長出2片新葉時,便可定植田中。

**如此一來省時省力**
若僅種植單株的話,莖部容易生長過粗,使得植株徒長,因此建議不進行疏苗,讓2植株同時生長,也可省去疏苗作業。

# 4 架設拱門

於拱門掛上防蟲網,預防遭椿象侵食。若選擇直播,對於預防鳥類侵時也相當有效果。

**補充小建議**
掛上防蟲網就像是買保險一樣,若椿象數量不多,則無須架掛。

**如此一來省時省力**
在整地時鋪蓋塑膠布、於拱門掛上防蟲網感覺相當費時費力,但只要一口氣完成這些作業,接下來只須放任生長等待收成。無須擔心蟲害、更不用忙著除草或培土。

## 如何形成大量根粒菌?

拔起豆科蔬菜時,常常會發現根部長有好多球狀粒子,這些稱為「根粒菌」。根粒菌能夠將空氣中的氮氣固定,若數量越多,對豆莢中豆子生成越有幫助。須特別注意控制肥料用量,挑選在排水功能佳的地點栽培。

# 5 收成

當豆莢變肥時,便可立刻採收。若太晚採收,豆莢會開始變黃,豆子變硬,有損其美味。

從植株底部切取收成。

**補充小建議**
收成後若馬上食用,可以充分享受到現採的美味。若要進行存放,可放入塑膠袋中,馬上冰入冰箱約6小時後取出,還可置於常溫約2天。

# 蠶豆

[豆科]

難易度　簡單　稍微簡單　**稍微困難**　困難

## 讓植株充分長大，便可收成大量果實

### ■ 推薦品種

『**三連**』（Takii種苗）的分枝也能生長粗壯旺盛，易於栽培。『**陵西一寸**』（MIKADO協和）則和『**三連**』一樣有著可長出3條豆莢，收成量大的特點。

### ■ 栽培計畫

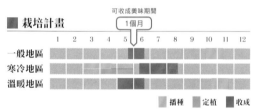

| | 可收成美味期間<br>1個月 | | | | | | | | | | | |
|---|---|---|---|---|---|---|---|---|---|---|---|---|
| | 1 | 2 | 3 | 4 | 5 | 6 | 7 | 8 | 9 | 10 | 11 | 12 |
| 一般地區 | | | | | | | | | | | | |
| 寒冷地區 | | | | | | | | | | | | |
| 溫暖地區 | | | | | | | | | | | | |

播種　定植　收成

### ■ 家庭菜園規劃參考

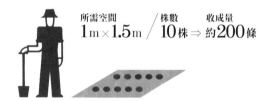

所需空間　1m×1.5m ／ 株數 10株 ⇒ 收成量 約200條

圖為『三連』品種

### ■ 達人傳授祕訣中的祕訣

現採現吃的蠶豆特別美味。讓植株充分長大才能結出大量豆莢，其中有4個重點。第一，<u>田中需施予較多堆肥</u>。第二，<u>為了讓豆莢夠大能夠撐過冬天，需特別注意播種時間</u>。第三，須<u>進行除霜作業</u>。第四，<u>預防長大的植株倒伏</u>。

## 1 整地

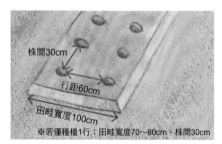

株間30cm
行距60cm
田畦寬度100cm
※若僅種植1行：田畦寬度70～80cm、株間30cm

在播種作業2週前，於每1m²的面積撒上3kg堆肥進行耕地。並鋪蓋上塑膠布進行保溫。

#### 補充小建議

施予較多量的堆肥。但施完堆肥後若立刻播種，容易造成發芽不良及枯萎情況，需特別注意。

## 2 播種及除霜

將種子黑臍（黑色部分）朝下，一處播下一顆種子，將種子深壓入土壤中，使種子頂端距離地面約2～3cm，覆上泥土後用力按壓。建議越冬時的植株高度須在15cm左右，枝數為3～4枝，由此反推須播種的時間。

若氣候越為寒冷，則於拱門覆蓋上除霜用的不織布。關東地區的作業時間約在12月上旬。若作業時間過早，會讓植株生長過剩，因此祕訣在於抓緊開始變寒冷之際的時間點。

# 3 摘芯

2月下旬，當主枝生長約30cm，側枝不斷長出之際，將主枝摘除（箭頭處）。並同時拆除不織布，於拱門掛上防蟲網。

# 4 防止倒伏

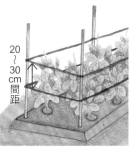

20～30cm間距

4月中～下旬，當植株長到40～50cm高時，便可將防蟲網拆除。為避免植株傾倒，可選擇架設花網或小黃瓜網（左圖），或於田畦周圍架設支柱並以20～30cm間距拉起繩子支撐（右圖）。

# 5 收成

當朝上的豆莢開始方向朝下時，便是採收時期。

## 需特別注意的蟲害及對策

### 更換為防蟲網

蚜蟲可說是蠶豆的天敵，因此必須充分預防。在摘芯時，將不織布更換成網目為0.6mm的細防蟲網。但若這個階段已出現蚜蟲的話，則不要施掛網子較好，掛上網子將會讓蚜蟲的天敵無法進入，使得蚜蟲數量不斷增加，得到反效果。

### 折下枝葉前端

5月，當氣溫開始上升時，蚜蟲會現身於枝葉前端。在遍佈整棵植株前，將枝葉前端連同蚜蟲一起摘除的成效相當不錯，且枝葉前端不會結成豆莢，因此不影響收成量。

### 利用小麥

在完成蠶豆播種後2週，若於距離1m處條播小麥種子的話，將可有效預防蚜蟲蟲害。附著於小麥的蚜蟲會引來瓢蟲，順便將蠶豆植株上的蚜蟲一同吃掉。此外，生長於小麥上的蚜蟲不會移動到蠶豆上。

# 豌豆

[豆科]

難易度　| 簡單 | 稍微簡單 | 稍微困難 | 困難 |

## 過冬時的植株高度須剛好，不可過高或過低

### ■ 推薦品種

『**兵庫絹莢**』（瀧井種苗）花朵為白色，果實較小，收成期長。『**YUUSAYA**』（TOKITA種苗）花朵為紅色，果實數量雖少，體積卻較大。

### ■ 栽培計畫

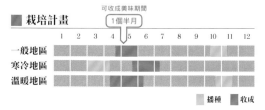

可收成美味期間
1個半月

|  | 1 | 2 | 3 | 4 | 5 | 6 | 7 | 8 | 9 | 10 | 11 | 12 |
|---|---|---|---|---|---|---|---|---|---|---|---|---|
| 一般地區 | | | | | | | | | | | | |
| 寒冷地區 | | | | | | | | | | | | |
| 溫暖地區 | | | | | | | | | | | | |

■ 播種　■ 收成

### ■ 家庭菜園規劃參考

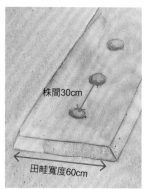

所需空間
**60cm × 1.8m**

株數
**18株** ⇒

收成量
**約5kg**

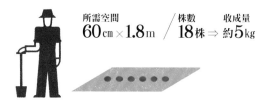

圖為『YUUSAYA』品種

### ■ 達人傳授祕訣中的祕訣

種植豌豆最重要的便是播種時期。若植株在10～15cm的狀態下過冬，一進入春天便能旺盛成長，結出大量果實，但植株過高或過低都將不耐寒冷。此外，需要直接鋪蓋不織布**預防霜害**。雖然採收期依品種有所差異，建議盡可能**提早收成較柔軟的果實**。

## 1 整地

在播種作業2週前，於每1m²的面積撒上2kg堆肥進行耕地。堆出田畦後，鋪蓋上塑膠布。

株間30cm

田畦寬度60cm

**補充小建議**

塑膠布對預防雜草相當有效。若能夠時常除草的話，當然就不需要鋪蓋。但進入春季，植株開始長大時，建議改鋪上稻稈等預防下雨時的泥濘飛濺。

## 2 播種

**補充小建議**

播種的適合期間只有10月下旬～11月上旬的10天左右，注意不要錯過了。

每1處播下3顆種子。將種子深壓入土壤中，使種子頂端距離地面約2cm，覆上泥土後用力按壓。

# 3 除霜

圖中為高度10～15cm，相當耐寒的植株。要過冬時需長成這般大小。

12月上旬，利用直接鋪蓋不織布的方式預防霜害。

**補充小建議**

豌豆與蠶豆相比更為耐寒，即便與不織布相碰觸也不易受損，因此無須架設拱門。

# 4 除草

進入春季後雜草便會不斷生長。若未鋪上塑膠布，須時常進行除草作業。於植株根部鋪上稻殼也可多少抑制雜草生長。

# 5 鋪網

3月下旬左右，當植株開始長高，則須架設合掌式支柱，並於兩側鋪上網子夾住植株。

植株會於網子內側向上生長。依生長情況拉起繩子，支撐植株。

**如此一來省時省力**

若不想花費太多心力的話，也可選擇只鋪上1面網子。此時須隨著生長情況，拉起繩子，讓藤蔓依附於網子上。

利用繩子讓植株依附於網子

## 需特別注意的蟲害及對策

### 若葉片出現白色蟲蝕痕跡

若葉片上發現白色蟲蝕痕跡，那是俗稱繪圖蟲的潛蠅類蟲害。幼蟲會不斷侵蝕葉片內部，沿著白色痕跡便可找到幼蟲或蟲蛹後，須用手撲滅。右圖為成蟲。

# 6 收成

豆莢為主角的豌豆要在豆子尚未變大成熟之際進行採收，只須拉扯豆莢便可收成。若太晚採收，豆莢周圍的纖維會變粗，注意別錯過採收期。

# 大豆

[豆科]

難易度　簡單　稍微簡單　**稍微困難**　困難

## 選擇氮含量較低的田地，抓緊時機播種

### ■ 推薦品種

『ENREI』雖然既美味，收成量也多，但需注意豆莢容易裂開。『HATAYUTAKA』即便較慢收成，豆莢也不易裂開，較好種植。

### ■ 栽培計畫

可收成美味期間
1個月

| | 1 | 2 | 3 | 4 | 5 | 6 | 7 | 8 | 9 | 10 | 11 | 12 |
|---|---|---|---|---|---|---|---|---|---|---|---|---|
| 一般地區 | | | | | | | | | | | | |
| 寒冷地區 | | | | | | | | | | | | |
| 溫暖地區 | | | | | | | | | | | | |

■ 播種　■ 收成

### ■ 家庭菜園規劃參考

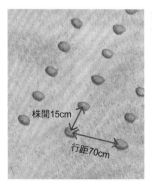

所需空間　　株數　　收成量
1.5m×1.5m　30株 ⇒ 約1.2kg

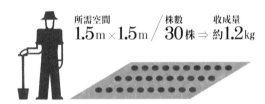

圖為『HATAYUTAKA』品種

### ■ 達人傳授祕訣中的祕訣

大豆是相當**容易受氣候影響**的作物。若夏天開花季節沒有下雨、秋天雨季過長都不利大豆生長。對策則是**在約1週的極短期間完成播種作業**。此外，若氮含量過高，會造成只有葉片生長茂盛，無法將養分提供給大豆。因此建議選用剛種完地瓜或不太需要肥料的葉菜類作物，**肥料含量較少的田地種植**。

## 1 整地

無須施肥，在播種之前完成耕地作業。

株間15cm

行距70cm

**補充小建議**

肥料中須特別注意氮含量。若氮含量過高，將會導致只有葉片生長茂盛，無法將養分提供給大豆。建議可選擇種植完葉菜類作物，殘留些許肥料的田地種植。

## 2 播種

以15cm間距播1顆種子。

深壓入土壤2～3cm。

**補充小建議**

大豆的播種時間雖然較短，依品種及地區，時間有所差異，建議可直接詢問種苗店相關資訊。

# 3 預防鳥害

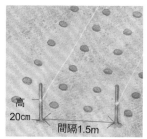

高
20cm
間隔1.5m

在播種後至本葉長出期間容易受鳥類侵食。建議於田畦上拉起市面上販售專門用來驅起鳥類的繩子。若大豆株數不多，則可選擇於拱門掛上防蟲網。

# 4 培土

培土連同除草作業需進行2次。第1次是2片本葉長開時，將土壤蓋至雙葉。第2次則是植株生長至30cm左右，將土壤蓋至本葉下方。

**補充小建議**
與毛豆品種相比，大豆品種的植株更為粗壯，因此確實培土相當重要。若植株傾倒的話，將會使得收成量減少。

# 5 收成

9月下旬～10月上旬便可採收毛豆。需從植株根部切除。與夏季的毛豆相比，口味較為濃郁，若想品嚐此美味的話，則可種植多一點的數量。

待植株完全枯萎後便可收成大豆。當豆莢及豆子變得乾癟後，從植株根部切下採收。採收作業建議於豆子較不易掉落的上午進行。

# 6 乾燥、脫殼、篩選

將豆莢曬至完全乾燥。可於有日照、不會淋到雨的屋內或屋簷下曬乾，或放置於墊子上，當晴天時置於室外曝曬。

在墊子上利用棒子敲打豆莢進行脫殼。

**補充小建議**
脫殼建議於晴朗的午後進行。豆子不易於上午掉落，作業會較費力。

篩選後進行存放。剔除豆莢及樹枝等較大異物，利用篩子篩濾大豆，去除體積較小異物後，剔除外觀不佳的大豆。日曬再次乾燥後，放於罐子等容器保存。

# 芝麻

[胡麻科]

難易度 | 簡單 | 稍微簡單 | 稍微困難 | 困難

## 收成後的作業雖然較繁瑣，但種植時放任生長即可，相當簡單

### ■ 推薦品種

『金芝麻』的香氣及味道較濃。『黑芝麻』與『白芝麻』相比抗氧化效果更佳，『白芝麻』的油脂含量則較『黑芝麻』多。

### ■ 栽培計畫

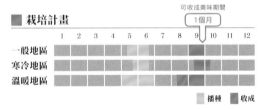

可收成美味期間
1個月

| | 1 | 2 | 3 | 4 | 5 | 6 | 7 | 8 | 9 | 10 | 11 | 12 |
|---|---|---|---|---|---|---|---|---|---|---|---|---|
| 一般地區 | | | | | | | | | | | | |
| 寒冷地區 | | | | | | | | | | | | |
| 溫暖地區 | | | | | | | | | | | | |

■ 播種　■ 收成

### ■ 家庭菜園規劃參考

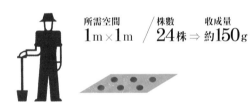

所需空間 1m×1m ／ 株數 24株 ⇒ 收成量 約150g

圖為『黑芝麻』品種

### ■ 達人傳授祕訣中的祕訣

芝麻在疏苗後，選擇放任生長也無妨。芝麻又被稱為「亮澤芝麻」，喜好夏天酷暑，當照射太陽光後，會不斷長大。但若氮肥過剩，會使得植株無法長大，容易傾倒，因此施予堆肥作為基肥便相當足夠。另需特別注意被稱為芝麻蟲的天蛾類大型幼蟲，此蟲會到處啃食葉片，一旦發現時便須撲滅。

## 1 整地

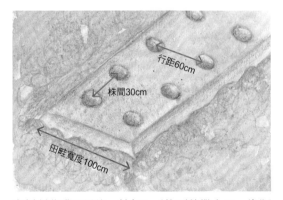

行距60cm
株間30cm
田畦寬度100cm

在播種作業2週前，於每1m²的面積撒上2kg堆肥進行耕地。堆出田畦後，鋪蓋上塑膠布。

## 2 播種

每1處撒下5～6顆種子，輕壓後蓋上薄土。

# 3 疏苗

當長出2～3片本葉時，進行疏苗，讓每1處留剩4株。

**如此一來省時省力**
疏苗後放任生長即可。終於植株下方開出花朵，結出豆莢。

# 4 收成

當植株下方的豆莢完全枯萎乾燥，在植株上呈現綠色狀態時，從植株根部把整株割下採收。

# 5 乾燥、催熟

以繩子綑綁割下的植株，將植株頂端朝上站立，使其乾燥。放置於不會淋到雨的地點，也需注意不會被風吹倒。

# 6 脫殼

開始乾燥後3～4週，當整株完全枯萎，豆莢開始龜裂時便可脫殼。

鋪開墊子，將植株倒立於其上，並用棒子敲打，芝麻便會從豆莢中掉落。

**補充小建議**

當留於豆莢的芝麻數量較多時，建議追加乾燥數日後再行脫殼。

# 7 篩選

利用篩子將枯葉等較大異物篩除，再以畚箕翻動，去除較輕的異物。

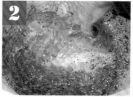

倒入水中（左圖），讓異物或中空較輕的芝麻流出（右圖）。

將留於容器底部的芝麻倒入濾網中，放於涼蓆等墊子之上，並曝曬1日，待其乾燥後予以保存。

## 耕、耙
# 鐵鍬

鐵鍬用於碎土、使土壤柔軟的「耕土」，以及堆土形成田畦、劃分出溝槽的「耙土」作業。使用平鍬（右圖中央）的話，無須過度彎腰便可進行「耕土」及「耙土」作業。萬能鍬（右圖右方）堅固的耙部除了可翻動田地，對於挖掘地瓜等作物也相當好用。無須過度施力便可讓鍬刃深插入土壤中，還不易附著泥土。大正鍬（右圖左方）則可一次耙起大量土壤。

## 鋤草
# 耙刀 & 鐮刀

耙刀的握柄較長，可以站立姿勢輕鬆作業。耙刀不僅適合除草及中耕，刀刃為三角形的三角耙刀（左圖）更是適合用在培土及挖溝作業。鐮刀雖有許多尺寸及形狀（右圖），刀刃越大越厚者，適合用來除去大株雜草。

# 「阿部農園所使用的農具」

田間作業需選用適合作業內容的工具，使用上手後便會倍感輕鬆，
作業速度也會加快。在此介紹能讓各位更加輕鬆的工具。

## 挖掘、鏟起
# 鐵鏟 & 鐵叉

圓鏟（左圖）除了可拿來挖洞，與鐵鍬相比，更能將小面積田地深耕。挖掘洞穴時，鏟面也不易附著土壤。方鏟（中圖）可輕鬆挖起堆肥或發酵肥料。鐵叉（右圖）則是翻動堆肥及整理雜草與殘渣不可或缺的工具。

## 耙平
# 板狀耙

完成田地耕土後，需將其耙平後再進行種植作業。雖然可用鐵鍬側面進行鏟平作業，但若有板狀耙，速度不僅快，還耙得相當漂亮。若田地面積較為寬廣時，有板狀耙會輕鬆不少。家庭菜園的話，可選擇市售耙尖較短的耙子。

# 葉菜類

食用葉片的小松菜，
到食用花蕾的綠花椰
以及使用莖部的蘆筍

# 高麗菜

[十字花科]

難易度　簡單　稍微簡單　稍微困難　困難

## 充分施予堆肥，選擇種植季節合宜的品種

### ■ 推薦品種

春播的『MISAKI』（坂田種子）為類似竹筍形狀的品種，能夠快速收成，適合家庭菜園，此外口感軟嫩美味。另外也推薦收成大小約為600g～1kg的迷你高麗菜、『朝鹽』及『夢GOROMO』（以上皆為瀧井種苗）。

### ■ 栽培計畫

|  | 可收成美味期間 1個月 | | | | | 可收成美味期間 2個半月 | | | | | | |
|---|---|---|---|---|---|---|---|---|---|---|---|---|
|  | 1 | 2 | 3 | 4 | 5 | 6 | 7 | 8 | 9 | 10 | 11 | 12 |
| 一般地區 | | 春播 | | | | | | | | | | |
| 寒冷地區 | | | | | | | | | | | | |
| 溫暖地區 | | 春播 | | | | | | | | | | |

■ 播種　　定植　　收成

圖為『朝鹽』品種

### ■ 家庭菜園規劃參考

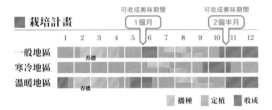

所需空間 80㎝×3m ／ 株數 12株 ⇒ 收成量 約12顆

### ■ 達人傳授祕訣中的祕訣

高麗菜有相當**多種栽培方式**，依品種不同，播種時期、能收成的期間等差異甚大。若田地有多餘空間，**建議選擇數個品種栽培，才能長時間享受樂趣**。此外，若肥料不足，高麗菜將無法結球，因此須**事前施予足量的堆肥**。高麗菜也有相當多蟲害侵食，使用**防蟲網**相當有效。

## 1 整地

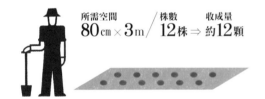

**1**

株間50cm

行距50cm

田畦寬度80cm

在定植作業2週前，於每1㎡的面積撒上3kg堆肥進行耕地。

**補充小建議**

肥料不足是高麗菜無法結球的主要因素。因此須充分施予堆肥。此外，當植株間距過窄，將會使作物互相搶養分，造成肥料不足，如此一來也無法結球。

**2**

耕地完後鋪蓋上塑膠布，種植高麗菜的田畦若掛上防蟲網將不易除草，因此塑膠布也有抑制雜草生長的用意。

**3**

邊踩著塑膠布周圍，邊覆蓋土壤進行固定，藉以避免塑膠布不平坦。

**4**

於塑膠布挖出植穴。若不使用專用工具，也可以切半的空罐等物品代替。

# 2 定植

**1**

當株苗長出4片本葉時便是定植時期。若使用的是育苗盆株苗，須在盆中的根部開始捲曲之前定植。

**2**

以手挖掘植穴，將株苗放入穴中，下壓株苗根部進行定植。

**補充小建議**

高麗菜株苗根部強韌，容易成活，但由於定植作業為炎熱季節，因此建議定植於傍晚進行，推薦午後雷陣雨過後。

**3**

唯有殘暑時期不可遺漏澆水作業。在葉片枯萎之前，每天澆水1次。

**4**

8～9月進行定植作業時，使用防蟲網拱門相當有效果，須在定植後立刻架設。

**5**

若有使用防蟲網及塑膠布，當著根後放任生長也可成長苗壯。若未使用塑膠布，期間需以三角耙刀等工具刮土、進行1～2次除草及培土作業。

### 夜盜蟲及青蟲的侵食

蟲害部分需特別注意夜盜蟲。夜盜蟲會啃食至高麗菜球內部，損害相當大。長大的幼蟲雖屬夜行性，蟲卵及年幼幼蟲會成群聚集於葉片內側，容易被發現。圖為遭夜盜蟲及青蟲侵食的植株。青蟲主要啃食外葉，因此對結球部的影響較小。

# **3** 收成

若結球尺寸夠大，將外葉留於田中，以刀子切下結球部分進行收成。

依品種不同，高麗菜的收成時期有所差異。若施作早生種及晚生種等多樣品種，將可在10月底～2月上旬長時間收成作物。

### 如此一來省時省力

若是9月底播種的過冬品種，不僅有著富含水分的多汁口感，味道也相當美味。因已過夏季最熱時期，讓育苗更容易進行，也幾乎沒有蟲害。在生長初期時無須使用防蟲網，只須在3月下旬至收成前、蟲害增加時期使用即可，也無須鋪蓋塑膠布便可種植。下圖左邊為過冬品種『味春』（瀧井種苗），右邊為2月播種的綠球系品種。

# 綠花椰

[十字花科]

難易度 | 簡單 | 稍微簡單 | 稍微困難 | 困難

## 收成頂端花蕾後，
## 還可陸續收成側花蕾

### ■ 推薦品種

『綠嶺』（坂田種子）有著大朵的頂端花蕾，還可收成側花蕾，耐暑性佳。『PIKUSERU』（坂田種子）為頂端花蕾偏大的早生種。

### ■ 栽培計畫

可收成美味期間
3個半月

| | 1 | 2 | 3 | 4 | 5 | 6 | 7 | 8 | 9 | 10 | 11 | 12 |
|---|---|---|---|---|---|---|---|---|---|---|---|---|
| 一般地區 | | | | | | | | | | | | |
| 寒冷地區 | | | | | | | | | | | | |
| 溫暖地區 | | | | | | | | | | | | |

■ 播種　定植　■ 收成

### ■ 家庭菜園規劃參考

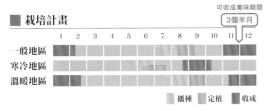

所需空間
90cm × 2m

株數
8株 →

收成量
約8顆（＋側花蕾）

圖為『綠嶺』品種

### ■ 達人傳授祕訣中的祕訣

綠花椰從播種、育苗、定植後的田地照料都和高麗菜相同。施肥的重點也同高麗菜，須充分施予堆肥。依品種不同，生長期間有所差異，若空間足夠，可種植多種品種，長時間享受收成。部分品種不僅能夠採收頂部花蕾，還可陸續收成側枝所長出的側花蕾。

## 收成頂端花蕾

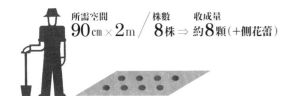

當頂端花蕾達到該品種應有的大小，便可採收。葉片還包覆著花蕾時收成最美味。

## 收成側花蕾

※栽培方法與高麗菜相同（第70～72頁）

側花蕾能夠陸續收成

在收成頂部花蕾2週後，側芽生長出來，形成側花蕾。

# 大白菜

[十字花科]

難易度　| 簡單 | 稍微簡單 | 稍微困難 | 困難 |

## 充分施予肥料，才能收成大粒結球

### ■ 推薦品種

『MENKOI』（渡邊採種場）為播種後約65天便可收成的迷你大白菜，疾病抵抗力高。另也相當推薦『王將』、『冬峠』及『黃心75』（以上皆為瀧井種苗）。

### ■ 栽培計畫

可收成美味期間 [1個半月]

|  | 1 | 2 | 3 | 4 | 5 | 6 | 7 | 8 | 9 | 10 | 11 | 12 |
|---|---|---|---|---|---|---|---|---|---|---|---|---|
| 一般地區 | | | | | | | | | | | | |
| 寒冷地區 | | | | | | | | | | | | |
| 溫暖地區 | | | | | | | | | | | | |

| 播種 | 定植 | 收成 |

### ■ 家庭菜園規劃參考

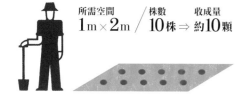

所需空間　1m×2m ／ 株數 10株 ⇒ 收成量 約10顆

圖為『王將』品種

### ■ 達人傳授祕訣中的祕訣

於8月下旬播種育苗（第76頁），一個月後的9月下旬進行定植。若太慢作業，大白菜將無法充分生長，因此**播種時間相當重要**。即便播種時間相同，收成期間與耐寒性也是會因品種不同而有所差異。**肥料不足及過度密植都是造成無法結球的原因。若要容易結球、輕鬆栽培的話可選擇迷你大白菜**。株數的設定為大顆大白菜的2倍，約20株。

## 1 整地

在定植作業2週前，於每1m²的面積撒上3kg堆肥進行耕地。

**補充小建議**

要讓大白菜能確實結球，就必須充分施予堆肥。但若堆肥份量過多時，將容易引來蚜蟲，因此拿捏適當的份量相當重要。

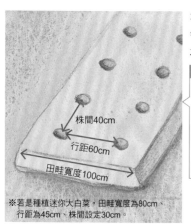

株間40cm
行距60cm
田畦寬度100cm

※若是種植迷你大白菜，田畦寬度為80cm、行距為45cm、株間設定30cm。

## 2 定植

播種後約1個月，當株苗長出5～6片本葉時便是定植時期。

大白菜的根部相當纖細。以手指挖出植穴，將株苗於育苗盆取出時，無須將土敲落，整株直接種入植穴。當土壤較乾時，定植後須進行澆水。

**補充小建議**

大白菜無法結球的原因大多為過度密植。因此務必確保植株間距。

於定植的同時掛上防蟲網。可預防蚜蟲等蟲害。

**補充小建議**

大部分的大白菜在生長初期即便遭受蚜蟲侵食，還是能夠繼續順利生長。但生長期間較短的迷你大白菜將無法恢復狀態，因此建議使用防蟲網。

掛上防蟲網後，無須特別的照料，等待收成即可。

# 3 收成

按壓結球頭部，若感覺有彈性，便表示為可收成的時期。留下外葉，切取結球。

直接將受損的外葉於田中切除，便可減少在廚房的處理時間。

# 4 防寒、保存

捲曲較輕微的大顆品種相當耐寒，因此可將大白菜頂端綑綁，直接置於田裡過冬。然而，迷你大白菜則較不耐寒，12月需掛上保溫罩，並於中旬前完成採收作業。若要置於家中保存，須先將受損的外葉摘除，以報紙將大白菜分別包緊，並放置於陰冷處，如此一來可存放至春天。

# 高麗菜&大白菜的育苗方式

雖然市面上也有販售高麗菜及大白菜的株苗，
但若選購種子自行育苗的話，不僅能種植自己想要的品種，成本也較便宜。
請務必自己嘗試看看育苗！

## 以育苗穴盤進行基本育苗

要進行高麗菜及大白菜的育苗前，有3項希望讀者牢記的訣竅。

第一，使用優質的培養土。可參考第151頁，將落葉及米糠混拌作出溫床，靜置1年，這樣的土壤最為理想。另外也可選擇購買市售育苗專用的有機培養土。

第二，土壤變乾時，每日進行澆水。高麗菜及大白菜的育苗期屬高溫季節，需特別注意乾燥情況。

第三，播種後立刻掛上防蟲網。勿將育苗穴盤直接放置地面，應置於托盤等容器之上，並掛上網子。

若不得已必須直接放置於地面時，為避免蟋蟀等蟲類入侵，須將網子整個包覆至穴盤底部。

於育苗穴盤（36穴或49穴）倒入培養土，以手指輕壓挖出凹槽，分別於每1穴播下1顆種子。

以篩子篩些培養土覆蓋住種子。

將土壤壓緊。

施予大量水分促進發芽。

**5**

包覆防蟲網避免蟲害。為了預防蚜蟲侵食，與其選擇一般1mm的網目規格，不如使用雖然價格較高，但效果較佳的0.6mm網目規格。

**6**

播種後1個月，便可長成適合進行定植作業的株苗（高麗菜：4片本葉。大白菜：5～6片本葉。）若以育苗穴盤育苗，株苗老化速度較快，適合定植的期間僅有1週左右。保留土壤，無須敲落，如此一來定植後根部生長狀態會較佳。

# 於田中苗床進行的輕鬆育苗

高麗菜及大白菜最早的播種時期為7月下旬。若是此時間點，不使用育苗穴盤，直接於田中苗床進行育苗似乎更合適。

育苗完成，進行定植的期間為炎熱的8月下旬，正好可以等待雨季，進行定植。但若以育苗穴盤育苗，苗株的生長雖然較為一致，老化速度卻也相當快，無法等到雨季。

反觀若是田中苗床，可以培育至7～8片本葉的大小，定植期間約為2週，長度足夠，還可等待雨季。

若田地排水性佳，可將其平耕後作成苗床。使用前一作物所留下的殘肥便相當足夠。此外，僅須於播種後立刻澆水1次即可。再掛上防蟲網的話，其後就無需任何特別的照料。

設定行距為20cm，以1cm間隔進行條播。事後不進行疏苗，因此須謹慎播種。土壤若變乾燥，須施予水分，並蓋上防蟲網。

於苗床進行育苗不僅輕鬆，也容易培育。若菜園中還有空間，相當建議以此方法育苗。

當株苗本葉從4片長至7～8片時，便可自苗床挖起進行定植。高麗菜根性較強，因此若是苗床所培育的株苗，可先將苗根附著的土壤敲落。

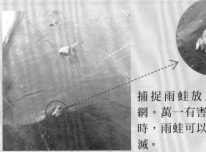

捕捉雨蛙放入防蟲網。萬一有害蟲入侵時，雨蛙可以協助撲滅。

# 萵苣

［菊科］

難易度　| 簡單 | 稍微簡單 | 稍微困難 | 困難 |

## 於早春播種，在進入棘手的梅雨季前收成

### ■ 推薦品種

『BARKURE』（瀧井種苗）屬結球萵苣，抵抗力佳，容易栽培，可種植期間較長也是該品種的特徵。『RED WEB』（坂田種子）及『RED FIRE』（瀧井種苗）的葉萵苣品種只須些許肥料便可充分生長，容易栽培。

### ■ 栽培計畫

|  | 可收成美味期間 1個月 |  |  |  |  | 可收成美味期間 1個半月 |  |  |
|---|---|---|---|---|---|---|---|---|
|  | 1 | 2 | 3 | 4 5 6 | 7 8 9 | 10 11 | 12 |  |
| 一般地區 |  |  |  |  | 秋播 |  |  |  |
| 寒冷地區 |  |  |  |  | 秋播 |  |  |  |
| 溫暖地區 |  |  |  |  | 秋播 |  |  |  |

| 播種 | 定植 | 收成 |

### ■ 家庭菜園規劃參考

所需空間 **90cm×1.5m** ／ 株數 **15株** ⇒ 收成量 **約15顆**

圖為『BARKURE』品種

### ■ 達人傳授祕訣中的祕訣

萵苣雖分有會結球的結球萵苣與不會結球的葉萵苣兩大類別，但種植方法相同。**萵苣不耐高溫潮濕，因此建議盡早育苗，於梅雨季前完成採收**。育苗須在溫室內的拱門中進行。利用溫床，1月下旬播種的話，5月上旬便可採收。若是氣溫回升的2月，無須溫床，直接於拱門內也可育苗。

## 1 播種

於苗箱中倒入1～2cm深的培養土，鋪平後，施予大量水分，並於其上撒播種子。

篩下些許培養土進行覆土，將種子蓋住的厚度即可。若覆土過厚，發芽將容易長斑。

利用木條等工具將覆土壓緊，並再次大量澆水。

將株苗自苗箱撈取出來。附著於根部的土壤掉落也無妨。選擇健康、狀態佳的株苗進行移植。

將苗箱置於拱門中，確保溫度進行育苗。

每1植穴植入一株株苗。將根部放入植穴中，將四周的土壤以手指按壓固定株苗。

**補充小建議**

2月育苗時，若沒有溫室，也可在夜間於隧道蓋上毛毯等覆蓋物進行保溫。或是移至室內。無論置於室內或室外，都須掛上不織布保護罩充分保溫。

# 2 取起株苗團

取起株苗團的時間點為株苗長出1片本葉時。首先，備妥育苗穴盤，倒入培養土、大量澆水後，以棒子挖出植穴。

放回拱門中，在不過度暴露於寒冷環境下進行育苗。

# 3 整地

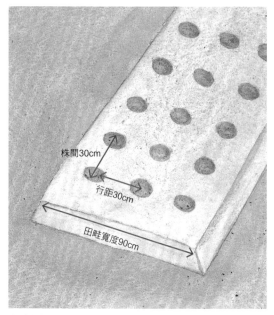

在定植作業2週前，結球萵苣於每1m²的面積撒上3kg堆肥，葉萵苣於每1m²的面積撒上2kg堆肥並進行耕地。

> **補充小建議**
> 若鋪上塑膠布可預防泥濘飛濺，也可預期病害發生率將減少。

# 4 定植

播種後1個月，當植株長出4～5片本葉時便可定植。從穴盤下方將株苗推出，以手挖出植穴進行定植。

# 5 直接鋪蓋

定植的同時直接鋪蓋不織布或防蟲網等保護網，可預防蟲害及冰雹。於要收成之前拆除。

# 6 收成

葉萵苣可比結球萵苣提前約1週收成。

當結球萵苣的球身變大時，便可收成。從根部切取採收。

> **補充小建議**
> 當氣溫上升時，容易罹患軟腐病，因此建議盡早採收。

# 生菜

難易度　■ 簡單　■ 稍微簡單　■ 稍微困難　■ 困難

## 無土味，適合作為沙拉食用可不斷收成

### ■ 推薦品種

生菜無須太在意品種。大致上可分為生長快速，可收成3次的十字花科類及可收成2次的萵苣類。

### ■ 栽培計畫

可收成美味期間
**8個半月**

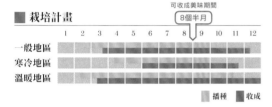

| | 1 | 2 | 3 | 4 | 5 | 6 | 7 | 8 | 9 | 10 | 11 | 12 |
|---|---|---|---|---|---|---|---|---|---|---|---|---|
| 一般地區 | | | | | | | | | | | | |
| 寒冷地區 | | | | | | | | | | | | |
| 溫暖地區 | | | | | | | | | | | | |

■ 播種　■ 收成

### ■ 家庭菜園規劃參考

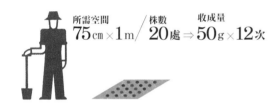

所需空間 **75㎝×1m** ／ 株數 **20處** ⇒ 收成量 **50g×12次**

### ■ 達人傳授祕訣中的祕訣

葉菜類的嫩葉統稱為「生菜」。此類蔬菜無土味，口感軟嫩，相當適合作為生菜沙拉食用。**混合數種種類的「綜合生菜」不僅種植輕鬆**，還可享受多種口感，色彩豐富，相當適合家庭菜園種植。由於栽培相當容易，**播種後放任生長**，無須特別照料便可等待收成。

## 1 整地

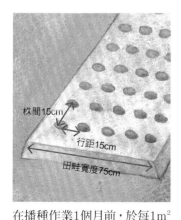

株間15cm
行距15cm
田畦寬度75cm

在播種作業1個月前，於每1m²的面積撒上3kg堆肥，3月以後則是撒上2kg堆肥並進行耕地。每一植穴播下5～6顆種子。

## 2 收成

在嫩葉狀態時，留下中心的小葉，切取葉柄進行收成。收成後，生菜會再次生長，因此可不斷採收。

## 保溫

若於2月進行播種，在完成播種作業後，須立刻直接鋪蓋不織布保溫及架設拱門。若是3月播種只須直接鋪蓋。拆除拱門的時期為3月春分、直接鋪蓋的不織布則為3月底。

# 「如何成功培育葉類蔬菜」

菠菜、小松菜等葉類蔬菜與蕪菁等小型根莖類蔬菜，
有許多蔬菜的栽培方法都是相同的。
只要記住共通的步驟，便可種植多種葉類蔬菜。

## 葉類蔬菜的共通步驟

　葉類蔬菜在秋天至隔年春天期間相當容易栽培。秋播的最佳期間為9～10月。隨著氣候越趨寒冷，若播種期間越遲，作物的生長速度就會越緩慢，等待收成的期間便會較長。此外，只要氣候不至於寒冷讓作物完全無法生長，當播種時間越慢，等待收成的時間就越長。

　9月所播的種生長快速，收成期間較短，因此建議減少播種量。而10月所播的種生長速度較緩慢，可於冬季期間收成，便可增加播種量。

　依蔬菜種類，生長速度及耐寒性也不盡相同。將多品目作物同時播種，分散收成時期也是栽培的訣竅之一。

　若希望能播種1次便長時間享受收成的話，建議於10月上旬進行播種。若在此時間點播種多品目作物的話，從11月中旬～4月下旬期間便能不間斷地享受種類繁多的葉類蔬菜。

### 秋播的收成時期及栽培資訊

| 蔬菜名 | 栽培計畫 | | 栽培資訊 | | | （參考）10月上旬播種的收成時期 |
|---|---|---|---|---|---|---|
| | 播種（月） | 收成（月） | 行距（cm） | 最終株間（cm） | 堆肥（kg/m²） | |
| 小松菜 | 9月上旬～10月下旬 | 9月下旬～3月下旬 | 25 | 3～5 | 2～3 | 11月中旬～12月下旬 |
| 青江菜 | 9月上旬～10月上旬 | 10月上旬～1月中旬 | 20 | 10 | 2 | 11月下旬～1月中旬 |
| 蕪菁 | 9月上旬～10月上旬 | 10月上旬～1月下旬 | 25 | 10 | 2 | 11月下旬～1月下旬 |
| 茼蒿 | 9月上旬～下旬 | 10月上旬～12月中旬 | 30 | 3 | 2 | － |
| 油菜花 | 9月上旬～下旬 | 10月中旬～12月下旬 | 30 | 4～5 | 2 | － |
| 水菜（早生） | 9月上旬～10月上旬 | 10月上旬～12月中旬 | 25 | 3～5 | 2 | 11月下旬～12月中旬 |
| 水菜（晚生） | 10月上旬 | 12月中旬～3月上旬 | 30 | 10～15 | 3 | 12月中旬～3月上旬 |
| 菠菜 | 9月上旬～11月上旬 | 10月下旬～3月下旬 | 25 | 4～6 | 2～3 | 12月上旬～2月中旬 |
| 塌菇菜 | 9月上旬～10月上旬 | 10月下旬～2月下旬 | 25 | 10～20 | 2 | 12月中旬～2月下旬 |
| 芯切菜 | 9月下旬～10月上旬 | 3月下旬～4月下旬 | 50～60 | 30 | 3 | 3月下旬～4月下旬 |

※播種及收成時期以阿部農園（茨城縣南部）為範例
※茼蒿及油菜花須於9月時進行播種

# 1 整地

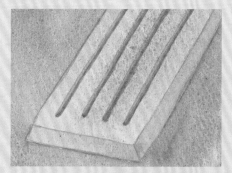

在播種作業2週前，撒上堆肥進行耕地。堆出田畦後，每1m²的面積撒上2kg堆肥量，行距設定為25cm。

# 2 播種

於田中挖出適合蔬菜的播種用溝槽。

將種子於溝槽中以1cm的間隔進行條播。

以手像是輕輕撫摸的方式埋起溝槽。以種子不外露為前提，鋪上約5mm厚的土壤剛剛好。再利用手掌將土壤壓緊。

# 3 架設拱門

架設拱門掛上防蟲網避免夜盜蟲等蟲害。在播種的同時進行掛網作業，將網子邊緣完全埋入土中不留縫隙。但若是於蟲害發生率較低的10月下旬以及種植不易發生蟲害的茼蒿，則無須掛上防蟲網。

# 4 疏苗

當株苗長出3～4片本葉，葉片開始摻雜生長時，留下生長狀態佳的株苗，進行疏苗，確保間距有3～5cm。但青江菜、蕪菁及晚生水菜的間距須為10cm。

## 如此一來省時省力

當植株數量多時，疏苗作業還出乎意料的累人。若是於大面積田地進行播種，出現部分欠株也不會有太大問題，因此可以從剛開始便以最終植株間距進行播種，進而省略疏苗動作。但對於面積有限的家庭菜園，還是建議充分進行疏苗栽培，若讀者還是希望節省疏苗所花費的心力，那麼可以考慮上述從剛開始便以最終植株間距進行播種的方法。

利用播種機以10cm間距進行播種、發芽的青江菜。無須進行疏苗。

# 5 收成

採收小松菜及青江菜等蔬菜時，利用刀子或剪刀於土壤以下，根部末端或細根未外露的5mm處下刀摘取，如此一來便不會沾附泥土，相當乾淨。

### 補充小建議

9月播種的蔬菜生長速度快，在尚未生長過大之前，須盡早進行採收。12月時，須將不耐寒冷的作物全數收成完畢。此外，可置於田中過冬的作物在嚴冬之際生長也是會停止，因此建議少量逐次採收。

茼蒿、油菜花及芯切菜採收時先摘取芯部，接著將後續長出的側枝摘取收成。若以手凹折採收的話，可留下較硬部分，僅採收柔軟部分。

## 防寒、防鳥

**1** 12月上旬，須直接鋪蓋不織布預防過寒。相較而言較耐寒的小松菜及菠菜也須預防鳥類侵食，因此直接鋪蓋的效果較佳。

**2** 不織布重量輕，容易受風吹飛動，建議以固定器於每3m距離處進行固定。尤其是架設成拱門形狀時須特別注意風吹情況。

**補充小建議**

早生水菜及油菜花不耐寒冷，即便直接鋪蓋也會凍傷，因此不進行保溫作業，而是在受損前進行採收。茼蒿則以不織布拱門覆蓋。

# 收成美味不間斷祕訣

9月播種的葉菜類，如小松菜、菠菜、青江菜等大部分的品種在播種後1個月便是可採收時期。生長速度較快的櫻桃蘿蔔則是僅須20天。較花時間的蕪菁也只要約40天便可採收食用。

想要不斷收成美味的重點為9月時頻繁地播種。想要期間不間斷的享用美味，建議每1週～10天便進行一次播種。

此外，9月底～10月的播種作業若間隔1天進行，相對收成日期將會延遲3天。播種間隔1週，就會讓收成延遲3週。

除了不耐寒的茼蒿及青江菜，菠菜及蕪菁等作物到了12月生長便會停止，因此可以置於田中，採持續收成的方式取用。

### 菠菜的收成規劃　　　██ 播種　██ 收成

| 9 | 10 | 11 | 12 | 1 | 2 | 3 | 4 |
|---|----|----|----|---|---|---|---|

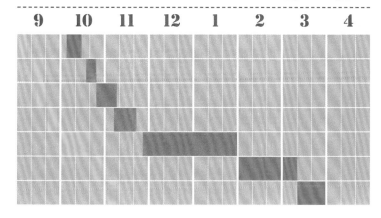

減少9月中一次播種的量。若是家庭菜園，設定1m左右的距離進行條播便相當足夠。還可在每一行種植不同蔬菜。

# 菠菜

[藜科]

難易度 | 簡單 | 稍微簡單 | 稍微困難 | 困難

## 雖然相當耐寒，卻很脆弱
## 喜好狀態平衡的土壤

### ■ 推薦品種

『ASUPAIER』（坂田種子）有著較不易受土質影響的特色。

### ■ 栽培計畫

可收成美味期間
**4個半月**

| | 1 | 2 | 3 | 4 | 5 | 6 | 7 | 8 | 9 | 10 | 11 | 12 |
|---|---|---|---|---|---|---|---|---|---|---|---|---|
| 一般地區 | | | | | | | | | | | | |
| 寒冷地區 | | | | | | | | | | | | |
| 溫暖地區 | | | | | | | | | | | | |

■ 播種　■ 收成

### ■ 家庭菜園規劃參考

所需空間　/ 行距
$1m×1m$ / $25cm$、間隔$1cm$的條播

最終株間　/ 收成量
$4～6cm$ / $30$把（1把約200g）

堆肥用量
$2kg/m^2$（10月下旬播種、隔年春天採收：$3kg/m^2$）

採收時的訣竅為保留些許根部，將刀子插入土中切取。

圖為『ASUPAIER』品種

### ■ 達人傳授祕訣中的祕訣　※栽培方法參照第82～85頁

種植菠菜的重點項目為土壤酸度。**菠菜不喜酸性土壤**，因此不同田地所生長出的菠菜會有所差異。若屬酸性土壤，建議撒上牡蠣殼等有機石灰，靜置3～4年藉以改善。若希望馬上改變土質，雖可選擇使用苦土石灰，但因效果強，若添加過多時，會有造成土壤變硬的疑慮。

因此，筆者提供即便土壤呈現酸性，還是能讓菠菜健康生長的方法。只要確保肥料以及礦物質的平衡，**即使土壤偏酸也可栽培**。訣竅在於充分施予堆肥進行整土。品種的選定也相當重要，若是選擇如『ASUPAIER』品種，就不易受土質影響。

菠菜採收期會較小松菜延遲1週左右。但因**菠菜本身耐寒性佳，可播種至11月上旬，讓作物過冬後再行採收**。即便如此，若嚴寒遽增，冰天雪地氣候持續的話，菠菜還是會凍傷，為讓作物得以過冬，建議**12月上旬直接鋪蓋不織布應對**，同時也可預防鳥類侵食。

菠菜的根部也相當美味。若想要品嚐此美味，建議採收時以刀子或剪刀於地面下1cm處下刀摘取。

此外，過去菠菜的品種分為東洋種及西洋種兩大項。東洋種風味較佳、但植株容易抽苔，西洋種則不易抽苔。目前常見的品種則是將兩者交配互取長處的交配種。

# 小松菜

［十字花科］

難易度 ▏簡單 ▏稍微簡單 ▏稍微困難 ▏困難 ▏

## 容易栽培，冬季品嚐相當美味可代表葉類蔬菜的作物

**■ 推薦品種**

『KIYOSUMI』（坂田種子）呈現深綠色，有著紫實的葉片，到了冬季更是美味。『NAKAMACHI』（坂田種子）則是生長快速，適合秋季採收。

**■ 栽培計畫**

可收成美味期間
5個月

| | 1 | 2 | 3 | 4 | 5 | 6 | 7 | 8 | 9 | 10 | 11 | 12 |
|---|---|---|---|---|---|---|---|---|---|---|---|---|
| 一般地區 | | | | | | | | | | | | |
| 寒冷地區 | | | | | | | | | | | | |
| 溫暖地區 | | | | | | | | | | | | |

▏播種 ▏收成

**■ 家庭菜園規劃參考**

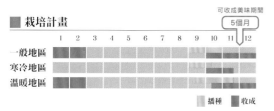

所需空間 / 行距
1m×1m / 25cm、間隔1cm的條播

最終株間 / 收成量
3～5cm / 30把（1把約200g）

堆肥用量
2kg/㎡（10月下旬播種、隔年春天採收：3kg/㎡）

圖為『KIYOSUMI』品種

**■ 達人傳授祕訣中的祕訣** ※栽培方法參照第82～85頁

從9～10月播種的秋作延伸至2～4月播種的春作，排除夏天，一整年都可收成小松菜。其中，建議於10月上旬～中旬播種。當小松菜長大時，12月會受寒冷影響停止生長，但其後可採收至2月。寒霜氣候讓甜度增加的冬季將是最佳品嚐期。**寒冷期間雖然可以不用架設防蟲網**，但卻可用來預防鳥類侵食。

小松菜耐寒性較佳，寒霜氣候可使更加美味。白色帶點淡黃色的部分口感不變。為防止變色，建議於12月時直接鋪蓋不織布。

10月上旬播種的品種須架設防蟲網隧道，減少夜盜蟲、黃條葉蚤等蟲害。

# 塌菇菜

[十字花科]

難易度　■簡單　■稍微簡單　■稍微困難　■困難

## 邊疏苗、邊收成，利用嚴冬之際將植株培育長大

### ■ 推薦品種

無特別推薦品種。每一品種長出的類型皆相同。塌菇菜無土味，可廣泛用於清炒、湯品等料理中。

### ■ 栽培計畫

可收成美味期間
5個半月

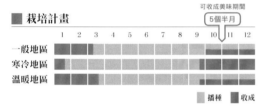

| | 1 | 2 | 3 | 4 | 5 | 6 | 7 | 8 | 9 | 10 | 11 | 12 |
|---|---|---|---|---|---|---|---|---|---|---|---|---|
| 一般地區 | | | | | | | | | | | | |
| 寒冷地區 | | | | | | | | | | | | |
| 溫暖地區 | | | | | | | | | | | | |

■播種　■收成

### ■ 家庭菜園規劃參考

所需空間　　　行距
1m×1m ／ 25cm、間隔1cm的條播

最終株間　收成量　堆肥用量
25cm ／ 20株 ／ 2kg/㎡

冬季期間長大的植株能讓讀者充分享受沉甸甸的收成樂趣。

### ■ 達人傳授祕訣中的祕訣　　　※栽培方法參照第82～85頁

塌菇菜有著相當耐寒的特性，在進入新曆年之際，甜度會開始增加。10月～3月上旬皆為可收成季節，因此多種植一些便能長時間享受美味。

塌菇菜生長較花費時間，若播種時間太遲，植株將無法長大。建議9月下旬進行播種。若要植株能夠發育生長，最慢9月底前須完成播種作業。

但9月的蟲害發生率也相當高，因此建議在播種的同時，架設拱門掛上防蟲網。為避免網內發生蟲害，在播種2週前，需充分進行除草，整地備田。

塌菇菜須邊疏苗、邊種植。在採收的同時進行疏苗的話，就不會覺得太花費精力。當秋季塌菇菜呈現較挺立的狀態時，便可開始進行疏苗及收成。冬季須確保株間要有25cm左右，才能讓作物長大。

當進入嚴冬之際，葉片彷彿花瓣般，呈現水平放射狀盛開。此時建議讓葉片成長至20cm。塌菇菜葉片長寬長大，彷彿「坐墊」般，食用1株的份量便相當足夠。塌菇菜澀味較淡，可同時享受葉片的柔軟及莖部的爽脆口感。進入12月上旬～中旬時，需直接鋪蓋不織布。除了避免受到寒害凍傷，也能防止鳥類侵食。

# 青江菜

[十字花科]

難易度　簡單　稍微簡單　稍微困難　困難

## 口感軟嫩美味，冬季採收須於10月上旬播種

### ■ 推薦品種

『青帝』（坂田種子）口感軟嫩，抽苔的時間較晚。此外，也較不易罹患白銹病。

### ■ 栽培計畫

可收成美味期間
3個月

|  | 1 | 2 | 3 | 4 | 5 | 6 | 7 | 8 | 9 | 10 | 11 | 12 |
|---|---|---|---|---|---|---|---|---|---|---|---|---|
| 一般地區 |  |  |  |  |  |  |  |  |  |  |  |  |
| 寒冷地區 |  |  |  |  |  |  |  |  |  |  |  |  |
| 溫暖地區 |  |  |  |  |  |  |  |  |  |  |  |  |

　播種　■收成

### ■ 家庭菜園種植規劃

所需空間　／　行距・間隔1cm的條播
1m×1m　／　20cm

最終株間　／　收成量　／　堆肥用量
10cm　／　50株　／　2kg/㎡

圖為『青帝』品種

### ■ 達人傳授祕訣中的祕訣　　※栽培方法參照第82～85頁

**邊疏苗邊種植，最終株間約為10cm**。若置於田中的時間過長，莖部會逐漸變厚，根部鼓起呈現沉甸甸的感覺，但也會使得口感較老。因此若要品嚐美味青江菜建議在這之前完成採收。**播種的最佳時機為10月上旬**。12月上旬～1月底的2個月期間生長會停滯，讓讀者能夠長時間收成美味。12月上旬須覆蓋保護網預防鳥類侵食。

預防蟲害的有效方式為使用防蟲網，盡早整備田地也相當重要。

當根部開始鼓起時便可採收。生長速度較快的秋收品種須避免一次的播種量過多。

# 水菜

[十字花科]

難易度　簡單　稍微簡單　稍微困難　困難

## 分為早生及晚生2品種
## 可從秋季至冬季長時間收成

### ■ 推薦品種

『早生千筋京水菜』（丸種）為綠葉白梗的美麗早生品種。『綠扇2號』（坂田種子）則使耐寒性佳的晚生品種，又被稱為「京菜」。

### ■ 栽培計畫

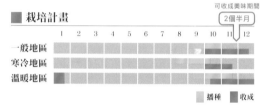

可收成美味期間
2個半月

|  | 1 | 2 | 3 | 4 | 5 | 6 | 7 | 8 | 9 | 10 | 11 | 12 |
|---|---|---|---|---|---|---|---|---|---|---|---|---|
| 一般地區 | | | | | | | | | | | | |
| 寒冷地區 | | | | | | | | | | | | |
| 溫暖地區 | | | | | | | | | | | | |

■ 播種　■ 收成

### ■ 家庭菜園種植規劃

所需空間　1m×1m ／ 行距 25cm、間隔1cm的條播

最終株間 3～5cm ／ 收成量 30把（1把約200g）／ 堆肥用量 2kg/m²

圖為『早生千筋京水菜』品種

### ■ 達人傳授祕訣中的祕訣　　※栽培方法參照第82～85頁

水菜為京都的傳統蔬菜，因此又被稱為京菜。早生種於9月上旬播種的話，10月上旬便可收成。但該期間是蟲害較多的時期，因此播種的同時建議架設拱門。此早生品種也可用於春播，但較難抵擋嚴冬的寒冷，即便進行除霜仍會在冬季時凍傷。耐寒性較佳的晚生種於10月上旬播種，可從12月中旬採收至3月上旬。

晚生種的莖部較粗，植株生長尺寸較大，耐寒性也較佳。是相當適合火鍋的冬季蔬菜。

早生種的水菜若遇到寒霜氣候將會凍傷。

# 茼蒿

[菊科]

難易度　| 簡單 | 稍微簡單 | 稍微困難 | 困難 |

## 種植於禦寒的拱門內可享受收成至年底

圖為『SATOYUTAKA』品種

### ■ 推薦品種

『**SATOYUTAKA**』（坂田種子）能不斷採收側芽，適合希望單次摘取需求量使用的讀者栽培，屬中葉類型，對露菌病的抵抗力較強。

### ■ 栽培計畫

可收成美味期間
2個半月

|  | 1 | 2 | 3 | 4 | 5 | 6 | 7 | 8 | 9 | 10 | 11 | 12 |
|---|---|---|---|---|---|---|---|---|---|---|---|---|
| 一般地區 | | | | | | | | | | | | |
| 寒冷地區 | | | | | | | | | | | | |
| 溫暖地區 | | | | | | | | | | | | |

播種　收成

### ■ 家庭菜園種植規劃

| 所需空間 | 行距 |
|---|---|
| 60cm×1m | 30cm、間隔1cm的條播 |

| 最終株間 | 收成量 | 堆肥用量 |
|---|---|---|
| 3cm | 約6kg（含側枝） | 2kg/㎡ |

### ■ 達人傳授祕訣中的祕訣　　※栽培方法參照第82～85頁

茼蒿分為將整枝植株拔起收成的品種以及摘取側芽，一株可多次採收的品種。後者若將莖部頂端摘除，長出側枝約需2～3週的時間。**將播種作業分2次左右進行的話，可縮短採收空白期**。茼蒿相當耐蟲害，卻不耐寒。為了能讓年底前完成採收，**建議9月中進行播種**。以1cm間隔的方式進行條播，無須疏苗，**最終株間約為3cm**。

摘除莖部頂端（箭頭處）後，側枝將會生長，約2～3週便可再次收成。

架設不織布拱門的話，雖然能夠讓作物撐到12月後半，但受霜覆蓋的部分還是會凍傷。

# 油菜花

[十字花科]

難易度　簡單　稍微簡單　稍微困難　困難

## 甜中帶有些許苦味，可享受豎立後的花蕾及莖部

### ■ 推薦品種

『秋華』（瀧井種苗）屬早生種，抽苔較快。植株向外生長特性強，會長出許多側枝，能不斷採收。

### ■ 栽培計畫

可收成美味期間
3個半月

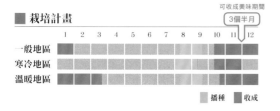

|  | 1 | 2 | 3 | 4 | 5 | 6 | 7 | 8 | 9 | 10 | 11 | 12 |
|---|---|---|---|---|---|---|---|---|---|---|---|---|
| 一般地區 |  |  |  |  |  |  |  |  |  |  |  |  |
| 寒冷地區 |  |  |  |  |  |  |  |  |  |  |  |  |
| 溫暖地區 |  |  |  |  |  |  |  |  |  |  |  |  |

　播種　　收成

### ■ 家庭菜園規劃參考

所需空間
60cm×2m

行距
30cm、間隔1cm的條播

最終株間
4～5cm

收成量
20把（1把約200g）

堆肥用量
2kg/m²

圖為『秋華』品種

### ■ 達人傳授祕訣中的祕訣　　※栽培方法參照第82～85頁

油菜花為食用抽苔的花蕾及莖部的蔬菜。**早生種較不耐寒**，須在變冷之前採收。**建議於9月底時播種**。預防蟲害的方式為播種的同時，覆蓋防蟲網拱門。當油菜花不斷生長，高度碰觸到防蟲網時，須將網子拆除。**開花之後口感會變差**，因此建議在這之前採收。側枝也會結成花蕾，可陸續採收。

以條狀方式播種。可選擇一開始便設定4～5cm的間距播種，或是播下較多量種子，事後再進行疏苗。

開花前，將莖部柔軟的部分與主枝一同切下。

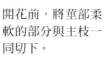

# 長蒴黃麻

[緞木科]

難易度　| 簡單 | 精微簡單 | 精微困難 | 困難 |

## 營養價值極高的健康蔬菜以摘取方式收成，可長時間享受樂趣

### ■ 推薦品種

無特別推薦的品種。近年引進日本的蔬菜中，品種幾乎沒有分化。長蒴黃麻相當耐熱，也幾乎不發生蟲害，相當容易種植。

### ■ 栽培計畫

可收成美味期間
3個半月

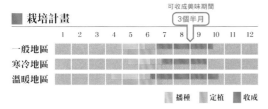

| | 1 | 2 | 3 | 4 | 5 | 6 | 7 | 8 | 9 | 10 | 11 | 12 |
|---|---|---|---|---|---|---|---|---|---|---|---|---|
| 一般地區 | | | | | | | | | | | | |
| 寒冷地區 | | | | | | | | | | | | |
| 溫暖地區 | | | | | | | | | | | | |

■ 播種　■ 定植　■ 收成

### ■ 家庭菜園規劃參考

所需空間
**60㎝ × 60㎝**　/　株間 **30㎝間隔**

株數 **2株** ⇒ 收成量 **20把**（1束約100g）　/　堆肥用量 **3kg/㎡**

### ■ 達人傳授祕訣中的祕訣

育苗時，種植於溫室或拱門中避寒，於4月播種、5月定植，也可選擇於<u>5月時進行直播</u>。每1處播入約3棵種子，以<u>複數整枝方式栽培</u>，莖部的口感會柔軟美味。定植株苗時也可採取複數整枝方式種植。由於栽培期間較長，為了預防雜草及提高地溫，<u>建議鋪上塑膠布</u>。

當植株高度生長至40cm左右，便可進行主枝的摘芯順便收成。以手摘取可折斷的部分，便可只收成柔軟部位。

到了秋季，會開花結出豆莢。其中的種子在完熟後會變成綠色，但此種子帶有強烈毒性，需特別注意。

# 「也可挑戰看看其他的葉菜類植物」

葉類蔬菜並不需要太大的種植空間。
此外，不同的季節可栽培相當多種類的蔬菜。
挑戰多品種栽培，讓餐桌變得更加豐盛吧！

## 岡羊栖菜
### 藜科

和取自於海中的羊栖菜長相像似因而被命此名。與菠菜同屬藜科植物。無法生長於酸性土壤。岡羊栖菜的特色為獨特的清脆口感。

## 空心菜
### 旋花科

在中華料理中時常可見。莖部中空，帶些許黏液的蔬菜。喜好高溫潮濕氣候，盛夏季節也能生長旺盛。屬較耐疾病之種類，容易種植。

## 芯切菜
### 十字花科

過冬前，莖葉會變硬不適合食用，但冬季結束後的3月下旬～4月中旬，可採收長出花蕾的主枝及枝葉前端。種植的訣竅在於秋天結束之前讓植株充分長大。

## 紅菜苔
### 十字花科

秋季播種，過冬後，於早春收成。一般會食用不斷生長的花莖，帶有些許黏液，口感類似蘆筍。紅菜苔的特徵紅紫色花莖及黃色花朵。

## 芹菜
### 芹科

芹菜的特色為獨特的風味及口感。不僅不耐低溫，也不喜盛夏的高溫。適合夏季種植，須充分澆水。若予以遮光的話，可進行軟化栽培。

## 落葵
### 落葵科

種植方式與長蒴黃麻相同。是夏季極為珍貴的葉類蔬菜。莖部為綠色的品種採收量較多，紫色品種則不帶土味。

## 韭菜
### 百合科

1年中可以多次收成，屬較不費心費力的多年生植物。當主株老化枯萎時，只需進行分株，便可再次茂盛成長。

## 羅勒
### 脣形科

義式料理中不可或缺、帶有濃郁香氣的香草。可自行於田中順利生長，因此無須特別照料。也可作為共生植物栽培。

## 鴨兒芹
### 芹科

自古以來代表著日本的蔬菜。遇霜將會枯萎，若在盛夏強烈陽光及高下生長也會使得生長狀況不佳。此外鴨兒芹不耐乾燥，須進行適當的灌水作業。

## 芝麻菜
### 十字花科

帶有芝麻風味及些許辛辣的口感適合作為沙拉食用。較為耐寒，除盛夏及嚴寒季節，是可整年播種的蔬菜。

# 大蔥

[百合科]

難易度　**簡單**　稍微簡單　稍微困難　困難

## 配合生長狀態進行培土
## 將可讓蔥白部分增長

### ■ 推薦品種

『**石倉一本太蔥**』（坂田種子）為秋冬採收、深根型的在來種，對疾病的抵抗力佳，容易種植，蔥白會變粗，口感柔軟。1株『**坊主SIRAZU**』則可於一年內分成10株左右，將分株於9～10月種植，可多年持續採收。

### ■ 栽培計畫

可收成美味期間 **4個半月**

| | 1 | 2 | 3 | 4 | 5 | 6 | 7 | 8 | 9 | 10 | 11 | 12 |
|---|---|---|---|---|---|---|---|---|---|---|---|---|
| 一般地區 | | | | | | | | | | | | |
| 寒冷地區 | | | | | | | | | | | | |
| 溫暖地區 | | | | | | | | | | | | |

■ 播種　■ 定植　■ 收成

### ■ 家庭菜園規劃參考

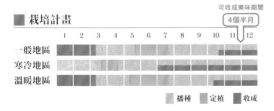

所需空間
1m×2.5m　／　株數 **50株** ⇒　收成量 約**50枝**

圖為『石倉一本太蔥』品種

### ■ 達人傳授祕訣中的祕訣

種植大蔥**最重要的工作便是除草**，若放任雜草生長，將會讓蔥的粗度變細。育苗時若使用塑膠布，將可降低春秋季雜草生長過盛的情況。定植後，可在**進行培土的同時順便除草**。但生長較慢的盛夏季節無須培土，僅進行除草即可。3月底左右會開始抽苔，因此建議**3月上旬以前完成採收**。

## 1 整地

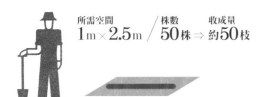

株間15cm

行距15cm

田畦寬廣70cm

在播種作業2週前，於每1m²的面積撒上3kg堆肥並進行耕地。堆出田畦後，鋪蓋上塑膠布。

**補充小建議**
塑膠布是用來節省除草所花費的精力時間。

## 2 播種

每1處播下約5棵種子。以手指抓起種子，一口氣將其塞入約2cm深處。

秋天發芽的株苗在冬季時會停止生長，當進入初春時會再度成長。株苗高度約40cm時，便可進行定植。

### 若要進行春作時的播種？

若於3月進行播種，收成會比秋播慢上1個月，於11月開始進行。此外，秋播用的育苗作業時，雜草較少、田間作業較為輕鬆，但春季的田地播種將須花費時間進行除草，建議可先利用育苗穴盤，於每一穴播下5棵種子進行育苗。並於4月下旬於田地進行假移植，再度生長變大後，於6月上旬進行移植。

# 3 定植

**1**

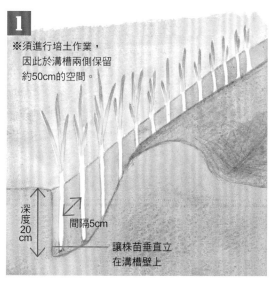

※須進行培土作業，因此於溝槽兩側保留約50cm的空間。

深度20cm

間隔5cm

讓株苗垂直立在溝槽壁上

於5月下旬進行株苗定植。定植作業2週前，於每1m²的面積撒上2kg堆肥進行耕地。

**補充小建議**

提前進行整地作業的話，定植時土壤緊實，較容易挖掘溝槽。

**2**

要進行定植前，挖掘約20cm深度的溝槽。

**補充小建議**

利用鐵鍬僅挖掘單側土壤，作出定植用溝槽。另一側則須呈現垂直狀。若土壤過乾將容易崩垮，因此些微潮濕的狀態會較好作業。株苗較短時，將溝槽淺挖成V字型即可。

**3**

挖起的株苗立放於溝槽垂直面。株苗間取5cm左右的間距。

**補充小建議**

讓株苗挺直站立。若彎折的話，將無法筆直生長。

於株苗底部覆蓋上薄土，將根部蓋住，約3～4cm
深即可。

# 4 培土

定植後2週進行第一次培土。培土時，在注意不可
將葉子分歧點埋入的同時，還需留下些許的植溝，
並同時進行中耕除草。

# 5 追肥、培土

在第一次培土作業的2週後進行追肥。每1m²的面
積撒上500g發酵肥料。

撒上發酵肥料後，同時進行第二次培土。培土的程
度大約為綠葉分歧點下方。這次培土須讓植溝變得
近乎平坦。

## 盛夏請勿培土

盛夏季節時，蔥幾乎不會生長。若這段期間進行培土
的話，將會影響蔥的粗度。因此盛夏無須培土，僅須
中耕除去雜草。

# 6 培土

進入生長旺盛期的9月中旬時，每月須進行1次培
土。將蔥白部分蓋住。

# **7** 收成

若於上一年秋天播種，10月便可提早採收。利用鐵鏟挖掘植株周圍讓土鬆動，摘取需要的份量即可。

正式採收期間為11月過後。隨著氣候變冷，甜度也會增加。

## 收成美味不間斷祕訣

12月底時，將蔥蓋土至葉子分歧點上方處，藉以度過寒冬。此時蔥幾乎不會生長，因此將分歧點埋入土中也無大礙。

此外，此動作也能讓蔥保存於田中。在抽苔之前，能維持這個狀態依序採收，拉長收成期間。

## 如何採收種子？

若不收成大蔥繼續置於田中的話，抽苔後便會結出種子，也就是會長成聚傘花序。若是家庭菜園，1株聚傘花序就可以取得相當多的種子。6月時，莖部會變成咖啡色並枯萎，在黑色種子彈出之前取下聚傘花序。在曬乾之後敲打便可取得種子。

# 洋蔥

[百合科]

難易度　簡單　稍微簡單　稍微困難　困難

## 肥沃的田地種下生長得宜的株苗，收成肥美洋蔥粒

### ■ 推薦品種

『NEO EARTH』（瀧井種苗）的收成雖然較慢，球莖緊實度佳，保存性高。『O‧P黃』（瀧井種苗）則可提早『NEO EARTH』2週左右收成。『猩猩赤』（瀧井種苗）為直接食用的紅洋蔥，疾病抵抗力佳，可穩定栽培。

### ■ 栽培計畫

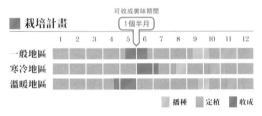

可收成美味期間
1個半月

|  | 1 | 2 | 3 | 4 | 5 | 6 | 7 | 8 | 9 | 10 | 11 | 12 |
|---|---|---|---|---|---|---|---|---|---|---|---|---|
| 一般地區 | | | | | | | | | | | | |
| 寒冷地區 | | | | | | | | | | | | |
| 溫暖地區 | | | | | | | | | | | | |

■ 播種　■ 定植　■ 收成

### ■ 家庭菜園規劃參考

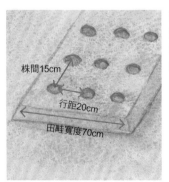

所需空間
70㎝×5m ／ 株數
100株 ⇒ 收成量
約100顆

圖為『NEO EARTH』品種

### ■ 達人傳授祕訣中的祕訣

要能成功栽培洋蔥的要素中，約7成都指向「需選擇優質種苗」，等同漆筷粗度的種苗最為理想。根部不會過度乾燥的話，其後的生長才會比較順利。將株苗於晚秋定植，過冬後，從早春便可培育出大顆洋蔥。需特別注意定植時期。若定植太晚，寒冷及霜柱會讓著根不易，因此須嚴守各氣候區域的最佳時機。

## 1 整地

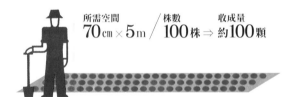

株間15cm
行距20cm
田畦寬度70cm

在定植作業2週前，於每1m²的面積撒上3kg堆肥及300g發酵肥料並進行耕地。

#### 補充小建議

當氣溫下降時，堆肥及發酵肥料要滲入土中，讓作物得以吸收需要花費相當時間。因此建議盡早進行整地作業。

## 2 選苗

株苗白色部分前端的粗度約為3mm，形狀類似漆筷是最理想的（如圖中左側的株苗）。當粗度過細時，洋蔥球將無法變大。相反地，若過粗會容易抽苔。

#### 補充小建議

須選擇新鮮的株苗。根部乾枯的株苗在種植時可能會枯萎。若是自行栽培的種苗，則於定植前再以移植鏟挖起即可。

100

# 3 定植

標記

定植株苗時，每1處植入1株，以大拇指將植株壓入土中。如圖中將棒子標記上行列記號，便可更容易作業。將株苗深埋至看不見白色部分。

### 補充小建議

當定植深度不夠時，會讓株苗因霜柱從土裡露出。至少須圖中的種植深度。

## 塑膠布是預防雜草的有效選擇

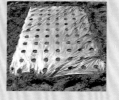

若想省略除草作業，可鋪上塑膠布進行定植。使用間距為15cm×15cm，洋蔥專用的挖洞塑膠布相當便利。但收成期間正值氣溫上升季節，悶著不透氣容易造成洋蔥受損。

# 4 除霜

定植作業結束2～3週後，尚未正式進入降霜季節前，於植株底部覆蓋土壤或麥殼。若有鋪上塑膠布時（如圖），覆蓋上能將塑膠布孔洞蓋住的厚度。若無使用塑膠布，則於田畦間用腳將土培至植株底部。

# 5 預防霜柱

為了預防因霜柱讓根部從土裡露出，12月後半須以不織布直接鋪蓋。2月底氣溫回升便可拆除。

# 6 除草

進入早春時，洋蔥雖然會繼續開始生長，但僅須進行除草作業。當雜草開始長芽時，需盡早摘除。

# 7 收成

5月下旬～6月上旬，當葉子從根部倒伏，便是收成時期。

**補充小建議**

若想要一次完成採收，可等到約8成植株都倒伏時再進行作業。而家庭菜園則可將倒伏的植株逐次收成。

握住葉子根部，整株拔起。

沾有土壤的洋蔥在保存時容易損傷。因此盡可能於晴天採收，洋蔥拔起後，置於田中2～3小時曬乾，並將土壤敲落。

紅洋蔥口感軟嫩，適合生食。但保存期間較短，需在9月食用完畢。

# 8 保存

將5～6球洋蔥以麻繩於葉子根部處綁緊。

**補充小建議**

若在繩子兩端各綁上一束洋蔥，便可易於將洋蔥吊起。葉子枯萎後將不易綑綁，因此須於採收後立刻作業。

保存時若碰觸到腐爛葉片，將會使洋蔥球受損，因此保留綑綁處上方約4～5cm葉子，並將其於切除。

將洋蔥懸吊在不會照射到陽光、通風良好的屋簷下保存。若是保存性較佳的品種，可放至2月底。

## 需特別注意的蟲害及對策

### 若葉片出現白色斑點

進入春天，氣溫回升時，葉片容易出現白色斑點（左圖）。這是蔥菜蛾（右圖）及蔥潛蠅的幼蟲從內部開始侵食葉子的痕跡。若侵食情況嚴重，雖可能造成葉子枯萎，但由於已相當接近收成時期，對洋蔥生長不會有太大的影響，因此無須過度擔心。

## 收成美味不間斷祕訣

較細的洋蔥株苗可以拿來栽培成葉洋蔥。定植的間距為7cm，是一般洋蔥的一半。隔年6月，便可收成球莖體積較小的洋蔥，並將其於10月再次定植，隔年3月左右便可享受收成葉洋蔥。但因抽苔速度相當快，建議於4月中食用完畢。

3月時採收的葉洋蔥。在球莖稍微膨脹、葉子生長茂盛的狀態下收成。

握住葉子根部，整株拔起。

# 大蒜

[百合科]

難易度 | 簡單 | 稍微簡單 | **稍微困難** | 困難

## 於適當時期定植，讓蒜球生長肥大紮實

### ■ 推薦品種

在地的種苗店裡，作為在來種銷售的品種對疾病抵抗力強，容易種植。『WHITE六片』的蒜球可生長的相當大，皮膜及鱗芽皆為白色，外觀美。

### ■ 栽培計畫

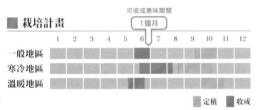

可收成美味期間
1個月

| | 1 | 2 | 3 | 4 | 5 | 6 | 7 | 8 | 9 | 10 | 11 | 12 |
|---|---|---|---|---|---|---|---|---|---|---|---|---|
| 一般地區 | | | | | | | | | | | | |
| 寒冷地區 | | | | | | | | | | | | |
| 溫暖地區 | | | | | | | | | | | | |

■ 定植　■ 收成

### ■ 家庭菜園規劃參考

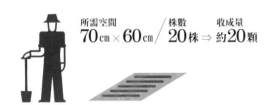

所需空間 **70cm×60cm** / 株數 **20株** ⇒ 收成量 **約20顆**

圖為在地的在來種

### ■ 達人傳授祕訣中的祕訣

要讓大蒜過冬生長需要較多的肥料。和夏季果菜類相同，須施予大量的堆肥及發酵肥料作為基肥。但若肥料過多，容易造成疾病發生，因此須確實拿捏肥料用量。只要沒有罹病，大蒜將相當耐寒且易於種植。若想省略除草作業，可使用塑膠布。

## 1 整地

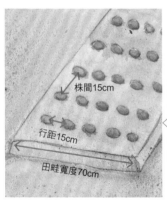

株間15cm
行距15cm
田畦寬度70cm

在定植作業2週前，於每1m²的面積撒上2kg堆肥及400g發酵肥料並進行耕地。鋪上塑膠布預防雜草生長。

#### 補充小建議

若還有剩餘空間，可將行距設定為40cm、株間15cm，種植兩行，如此一來生長狀況會更好。

## 2 定植

1

將蒜球撥成一粒粒蒜瓣，無須剝除皮膜，讓蒜瓣頂端朝上，並壓入土中。

#### 補充小建議

選擇較大的蒜瓣，種出的大蒜品質會較好。

**2**

將蒜瓣深埋至土中，讓蒜瓣頂端距土面約5cm，於其上覆土並壓緊。

### 補充小建議

當冬季風吹較強時，塑膠布容易飛走。建議在植株尚未長大之際，在整塊塑膠布上蓋上薄薄的土壤。若在植株長大後進行此動作，葉子上端容易殘留土壤，讓生長狀態變差。

### 如此一來省時省力

大蒜相當耐寒，因此必須進行除霜。換言之，只要在定植時鋪上塑膠布，其後放任生長即可。若未使用塑膠布，在秋季除草時順便輕輕培土。

### 收成美味不間斷祕訣

進入4～5月時，大蒜長高速度突然加快，並且開始抽苔。盡早摘除苔部（箭頭處）的話，才能讓蒜球長大。在5月中旬前，若將15cm左右的柔軟莖部摘取採收，稱為「蒜芽」的部分可炒來食用，相當美味。

# 3 收成

**1**

在進入梅雨季節前的6月上旬進行收成。當葉子開始泛黃時，便是採收時期。

### 補充小建議

當拉拔就可輕易拔起時，便是採收的最佳時機。當雨量變多時，容易罹患疾病，因此須在進入梅雨季前採收。

**2**

在莖部尚未退去綠色之前，需整枝連同莖部乾燥。

### 補充小建議

保留莖部進行乾燥的話，莖部的營養將會轉移至蒜球，讓大蒜更加美味。

# 4 保存

懸吊於不受日曬雨淋、通風良好的屋簷下。若以可放入網袋保存，則須將莖部切除。

# 蕗蕎

[百合科]

難易度　簡單　稍微簡單　稍微困難　困難

## 可生食或醋漬
## 享受迥異的口感

### ■ 推薦品種

無特別推薦品種。但有分為軟化栽培用及一般用蕗蕎，因此依用途選種即可。也可將一般品種的蕗蕎作為軟化栽培採收。

### ■ 栽培計畫

可收成美味期間
1個半月

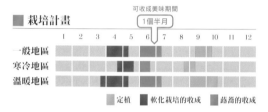

| | 1 | 2 | 3 | 4 | 5 | 6 | 7 | 8 | 9 | 10 | 11 | 12 |
|---|---|---|---|---|---|---|---|---|---|---|---|---|
| 一般地區 | | | | | | | | | | | | |
| 寒冷地區 | | | | | | | | | | | | |
| 溫暖地區 | | | | | | | | | | | | |

　定植　　軟化栽培的收成　　蕗蕎的收成

### ■ 家庭菜園規劃參考

所需空間
70㎝×90㎝

株數
30株 ⇒

收成量
約3kg（含泥上重量）

### ■ 達人傳授祕訣中的祕訣

定植的最佳時機雖為9月秋分至10月上旬，**若提早作業的話，將可結出較多分球**。幾乎無須擔心病蟲害。定植後，除了除草之外，**放任生長即可**。若種植後發現球部長不大，**種植失敗的話，便是種球品質不佳所造成**。使用自行收成的作物作為種球時相當容易發生，若使用選購的種球，作物應可健康生長。

## 1 整地

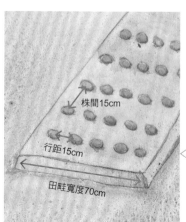

株間15cm
行距15cm
田畦寬度70cm

在定植作業2週前，於每1㎡的面積撒上2kg堆肥及400g發酵肥料進行耕地。並鋪上塑膠布預防雜草。

#### 補充小建議
若空間足夠，將行距設定40cm、株間15cm進行2行種植，生長情況會較佳。

## 2 定植

每1處放入1球蕗蕎，讓種球頂端朝上，將其壓入土中，附上土壤後輕輕按壓。

#### 補充小建議
若是作為軟化栽培用的種球投，需深理7～8cm。若作為醃漬用，則埋入距離地面約5cm處。

# 3 收成

在不斷分蘗的4月過後，可將軟化栽培的蕗蕎生食品嚐。

醃漬用的蕗蕎收成須等到葉子稍稍開始枯萎時。9月中旬梅雨季期間的放晴日便是最佳收成時機。

**補充小建議**

醃漬用蕗蕎在收成後，若照射到日光會變成綠色，需特別注意。若要作為種球保存時，可放入網袋懸吊於屋簷下，或置於冰箱存放。

---

## 可感受春天氣息的味道

# 淺蔥

淺蔥是可於3～5月採收的春季佐料。10月種下種球，秋季長出的嫩芽進入冬季時會枯萎，在早春時又會再次長出，並予以收成。若於9月後半種植的話，年底前雖然可以採收，卻不容易過冬。

整地時，在定植作業2週前，於每1m²的面積撒上2kg堆肥進行耕地。定植後放任生長即可。將淺蔥置於田中到6月的話，葉子雖然會枯萎，但將土中的球根挖起冷藏保存的話，可於秋季作為種球使用。

## 和大蒜及蕗蕎相同方法栽培的蔬菜

### 用來味噌佐醋也相當美味

# 冬蔥

冬蔥帶有些許黏滑感，除了作為佐料，用來味噌佐醋也相當美味。栽培方式與淺蔥相同。10月上旬將種球定植，3～4月收成。與淺蔥相比，冬蔥的抽苔較快，可收成的期間較短。此外，不同於淺蔥，就算9月定植也無法於年底前收成。

種球同淺蔥，6月前置於田中，挖掘起後可懸吊於屋簷下或冷藏保存，待秋季定植。

# 蘆筍

［天門冬科］

## 充分施予肥料讓植株飽滿，才能收成粗芽

### ■ 推薦品種

『WELCOME』（坂田種子）及『SUPER STRONG』（ATARIYA農園）和品種不明的普及品相比，可收成較多的粗芽。

### ■ 栽培計畫

可收成美味期間
2個月

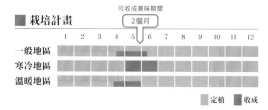

| | 1 | 2 | 3 | 4 | 5 | 6 | 7 | 8 | 9 | 10 | 11 | 12 |
|---|---|---|---|---|---|---|---|---|---|---|---|---|
| 一般地區 | | | | | | | | | | | | |
| 寒冷地區 | | | | | | | | | | | | |
| 溫暖地區 | | | | | | | | | | | | |

定植 ■ 收成

### ■ 家庭菜園規劃參考

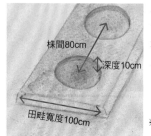

所需空間
1m × 3.2m

株數
4株 ⇒

收成量
約20枝（尺寸較粗）

---

## 選用大株進行種植

大株的定植適當期間為避開嚴冬的11月晚秋～隔年4月的春天。早春收成嫩芽之後的照料方式和從種子開始種植的方式相同。

## 1 整地

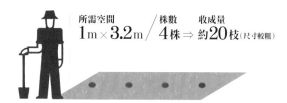

株間80cm
深度10cm
田畦寬度100cm

在定植作業2週前，於每1m²的面積撒上3kg堆肥及400g發酵肥料並進行耕地。

※株間及植穴大小需根據植株的尺寸做調整。

---

圖為『WELCOME』品種

### ■ 達人傳授祕訣中的祕訣

要從播種開始種植到收成雖然需要花費1年以上的時間，但若植株生長順利，可以連續採收好幾年。種植重點為在**肥沃的土地生長**。於田中充分施予堆肥及發酵肥料，收成後也須施予發酵肥，藉以提供養分給下一年要栽培的植株。晚秋時，若選擇大株進行定植，隔年春天便可收成粗芽。當**植株收成2年左右，建議進行更新**。

## 2 定植

從秋天開始可見的大株。分有數種尺寸，越大的植株越能快速採收粗芽。

大株根部會不斷伸展至10cm深處，因此須挖掘深度淺、面積大的植穴。

將根部充分平鋪於植穴中。

鋪上薄土隱約蓋住根部。早春時，在嫩芽尚未長出前進行除草，其後便可收成大的嫩芽。

## 選用種子進行種植

播種的合適時期為3月。有機栽培中，約2年更新一次植株較能收成既粗又漂亮的蘆筍。播種後到收成需要整整一年的時間，若定期播種育苗的話，便可年年享受收成樂趣。

# 1 播種

於苗箱倒入深度約2cm的培養土，澆水後，將種子撒種其上。

輕輕覆土後，進行按壓，再次澆水。

在發芽前，以不織布直接鋪蓋避免乾燥。將苗箱至於塑膠拱門中預防霜害。為避免拱門內溫度過度上升，天氣晴朗時須開啟透氣。

**補充小建議**

蘆筍生長初期速度緩慢，除草作業量大，因此與直播相比，較推薦育苗栽培。可利用溫床發芽，一致性較好。

# 2 取起株苗團

開始發芽後約1個月，當植株高度長到10cm左右，須將一株株的幼苗移植至直徑約9cm的育苗盆中繼續栽培。

**補充小建議**

由於蘆筍發芽的一致性不佳，因此於苗箱發芽後，須進行移植。若株數不多的話，可直接於育苗盆中播下約5顆種子，發芽後疏苗留下1株也行。

# 3 定植

株間40cm

田畦寬度60cm

植株高度長到25cm左右時，便可於田中定植。堆肥與發酵肥料同大株種植時的使用量。

定植4個月後的植株樣貌。第1年不進行採收，先栽培植株，讓莖部充分生長。

冬季植株枯萎，讓養分儲存於根部。進入新一年的早春時，需注意除草。在嫩芽找出之前，需將土壤表面輕輕刮除，除去雜草。此外，若莖部遇霜，便會受損，擔心晚霜的話，可用不織布直接鋪蓋。

# 4 收成

收成期間為隔年春季的4月初～5月初。嫩芽長高後，便可於植株根部切取。

**收成美味不間斷祕訣**

6月過後，嫩芽會開始變細，此時便停止採收，讓植株生長。當收成期間結束，為讓植株養生至隔年的產季，須進行追肥。以每1m²面積500g發酵肥料的比例，將肥料撒於植株根部的土壤表面。入秋時，再進行1次相同的動作。

# 5 防止倒伏

當莖葉變大時，植株容易傾倒受損，因此可選擇蓋上花網（可用較粗的小黃瓜網替代），或於植株周圍圈起繩子。

# 根菜類

有像白蘿蔔、胡蘿蔔一樣
食用根部的蔬菜
還有像馬鈴薯一樣向下生長
食用莖部的蔬菜

# 白蘿蔔

[十字花科]

難易度　| 簡單 | 稍微簡單 | 稍微困難 | 困難 |

## 只要能抓緊最佳時機進行播種
## 不僅發芽機率高，栽培也相當簡單

### ■ 推薦品種

『**耐病總太**』（瀧井種苗）雖然美味，但入秋的高溫潮濕氣候容易讓作物產生空洞，不易栽培。『**冬取聖護院**』（瀧井種苗）屬不易長空洞的圓形品種。

### ■ 栽培計畫

可收成美味期間
2個月

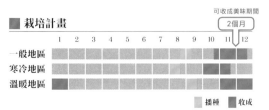

| | 1 | 2 | 3 | 4 | 5 | 6 | 7 | 8 | 9 | 10 | 11 | 12 |
|---|---|---|---|---|---|---|---|---|---|---|---|---|
| 一般地區 | | | | | | | | | | | | |
| 寒冷地區 | | | | | | | | | | | | |
| 溫暖地區 | | | | | | | | | | | | |

■ 播種　■ 收成

### ■ 家庭菜園種植規劃

所需空間
80cm × 1.2m

株數
12株 ⇒

收成量
約12條

圖為『耐病總太』品種

### ■ 達人傳授祕訣中的祕訣

秋作可自8月下旬開始播種，但依區域不同，為了避免到9月上旬較容易發生的菜心螟蟲害，建議可於9月10日過後再開始播種。蘿蔔頭會長出地面的青首型品種若要置於田中過冬，在氣候日趨嚴寒之前，須將蘿蔔拔出後，再次種回田裡。春作時需選擇專門品種。於2月下旬～3月下旬播種，5月下旬～6月中旬便可收成。

## 1 整地

在播種作業2週前，於每1m²的面積撒上2kg堆肥進行耕地，並堆起田畦。

株間30cm
深度40cm
田畦寬度80cm

#### 補充小建議

要讓白蘿蔔生長順利，充分耕耘田地相當重要。若留有前一作物的殘渣，將可能會造成歧根發生，需特別注意。

## 2 播種

每1處播下2棵種子。

#### 如此一來省時省力

秋作的發芽率較高，若打算栽培較多數量的白蘿蔔，每一植穴播下1顆種子也足夠。還可省去疏苗作業。但春作時氣溫較低，發芽率低，因此建議每一植穴播入2顆種子。

播種後，輕輕覆土按壓。

# 3 疏苗

當長出3片本葉（上圖）時，進行疏苗，篩選株型較好的植株，留下1株栽培（下圖）。

# 4 培土

當長出7～8片本葉，葉片堅挺立起時，須進行培土順便除草。讓根部頂端整個埋入土壤之中。

# 5 收成

逐一採收長成的白蘿蔔。從播種到收成的天數會依品種及播種時期有所差異。以『耐病總太』來說，約需2個月期間。

秋冬的白蘿蔔用來作成滷味等料理相當美味。製作成醃蘿蔔或曬成蘿蔔乾予以保存也相當便利（參照第114～117頁）。

## 如何預防歧根？

當白蘿蔔常常會長出複數條根部，形成「歧根」。造成「歧根」的原因為土壤中殘留著尚未分解的蔬菜殘渣、未熟的肥料、硬土塊等。為了預防「歧根」發生，須充分耕土。在過農曆7月中旬後，便須完成整地，並施予完熟的堆肥。

# 6 防寒

若要將白蘿蔔置於田中保存，在年底之前，將土撥蓋葉子下方，如此一來不耐寒的青首品種也可以順利保存。『冬取聖護院』等蘿蔔頭不會長出地面的白首品種只需直接將其置於田中，待春季來臨即可。

# 「將白蘿蔔加工成可長期保存的食品吧！」

白蘿蔔是冬季採收的珍貴蔬菜。
保留白蘿蔔美味予以加工，
製作成可長期保存的食品吧！
在此介紹阿部家口味的
「醃蘿蔔」及「蘿蔔乾條」。

## 醃蘿蔔

### 無需使用專門品種
### 便可加工成美味

白蘿蔔雖然有醃蘿蔔專用的品種，但常被拿來栽培的青首品種也可以製作出美味醃蘿蔔。成功的祕訣在於曬乾時不可接觸到寒霜。因此建議夜間時移至屋內。不要讓白蘿蔔發霉也相當重要。以關東地區來說，氣溫下降，氣候乾燥的12月晴朗季節相當適合用來醃蘿蔔。

### 1 曬乾蘿蔔

清洗留有葉部的白蘿蔔，利用葉子綑綁懸吊，於陽光下曝曬。為避免結凍，夜間需移至屋內。

### 2 曝曬約10天

**補充小建議**

若曝曬得宜，將較容易保存，但若過度曝曬，有可能會長出黴菌，需特別注意。

要像圖中能以兩手彎折需曝曬10天～2週。

## 3 準備材料

乾蘿蔔、粗鹽（4.5%）、粗糖（2.25%）、米糠（20%）、昆布（1kg的乾蘿蔔約需15×8cm），另準備適量的辣椒、橘子皮、柚子、柿子等。還需醃漬桶及塑膠袋等物品。

※各材料的份量比是依照乾蘿蔔的重量作計算。
乾蘿蔔則是量測步驟5的蘿蔔重量。

## 4 切除葉子

切除乾蘿蔔的葉子。葉子之後還須使用，因此請勿丟棄。

## 5 切除青首部分

青首部分醃漬後也不可口，因此切除丟棄。以切除青首後量測乾蘿蔔重量。

## 6 混和米糠及粗鹽

正確量測米糠及粗鹽的重量，利用醃漬桶以外的容器予以混和。

## 7 加入其他材料充分混拌

**1**

將乾蘿蔔除外的材料全數混入6之中。辣椒無須切開、柚子輪切、柿子些微曬過、去除蒂頭後輪切。

**2**

> **補充小建議**
> 粗鹽以外的材料份量可以不用太過精確。譬如多添加一些米糠，可讓醃蘿蔔風味更佳。

## 8 於醃漬桶中塞入乾蘿蔔

**1**

**2**

於醃漬桶中裝入塑膠袋，於底部鋪上混有所有材料的米糠（步驟7），於其上塞入乾蘿蔔且不可有空隙。

## 9 填入米糠

當乾蘿蔔排滿一層後，在鋪上步驟**7**的米糠填入隙縫中並蓋住乾蘿蔔。重複該動作，填入乾蘿蔔、米糠到靠近醃漬桶頂端。

## 10 覆蓋葉子

將步驟**4**切下的葉子拿來覆蓋。

> **補充小建議**
>
> 將白蘿蔔葉用來覆蓋的話，將可避免白蘿蔔外露，減少氧化，醃漬風味更佳。葉子部分也可食用。

## 11 封起袋口

在填入米糠覆蓋，將空氣擠出後，以繩子封緊塑膠袋口。

## 12 上壓重石

蓋上蓋子，並於其上放上重石。重量約為乾蘿蔔的2～3倍重。

## 13 減去重石

經過10天左右，當水分擠出時，減去重石，讓重石與乾蘿蔔同重。若維持步驟**12**的重石重量，醃蘿蔔的味道將無法充分滲入。

## 14 約1個月便可完成

經過1個月左右，醃漬作業大功告成。完成後，只需放上不會讓蓋子移動的重石重量即可。醃蘿蔔可繼續放於桶中至3月，其後，置於塑膠袋中、移至冰箱保存的話，可存放至5月。

# 蘿蔔乾

## 充分利用陽光
## 便可輕鬆製作的
## 長期保存食品

蘿蔔乾不僅可隨時用於料理中，更是健康美味，相當受歡迎。蘿蔔乾也能自行輕鬆製作。只需將蘿蔔刨絲，於陽光下曝曬兩個步驟便可完成，製作簡單、保存性佳。蘿蔔在陽光照耀下，不僅營養濃縮於一體，甜度更是加分。筆者建議也可以相同的方式製作紅蘿蔔及牛蒡。

## 1 刨絲

蘿蔔清洗後，切除受損部位，進行刨絲。

**補充小建議**
連皮刨絲的蘿蔔會更加美味！

## 使用專用刨具，更加便利

進行刨絲時，雖然也可用菜刀切絲，但若蘿蔔量較多時，建議使用專用刨具更加便利。專用刨具可於大型家用品購物中心購得。

## 2 曝曬

將蘿蔔絲鋪於網上，進行日曝的話，下方也會有風吹拂，通風性較佳。即便沾附寒霜也沒有關係，只要是晴朗氣候，夜間無須刻意移至屋內。在晴朗氣候時連續曝曬個5天便可完成。

## 3 紅蘿蔔乾也很美味

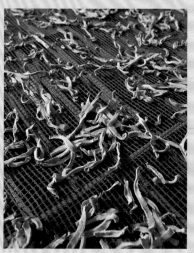

可運用蘿蔔乾的製作要領，製作紅蘿蔔乾及牛蒡乾。

# 蕪菁

[十字花科]

難易度　簡單　稍微簡單　稍微困難　困難

## 寒冷氣候會讓甜度增加
## 建議於新曆年期間採收

### ■ 推薦品種

『SWAN』（瀧井種苗）品種的蕪菁可以從小型、中型收成至大型。『AYAME雪』（坂田種子）品種為紫色，相當漂亮。

### ■ 栽培計畫

可收成美味期間
2個半月

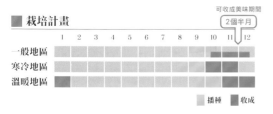

| | 1 | 2 | 3 | 4 | 5 | 6 | 7 | 8 | 9 | 10 | 11 | 12 |
|---|---|---|---|---|---|---|---|---|---|---|---|---|
| 一般地區 | | | | | | | | | | | | |
| 寒冷地區 | | | | | | | | | | | | |
| 溫暖地區 | | | | | | | | | | | | |

播種　收成

### ■ 家庭菜園規劃參考

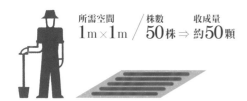

所需空間　株數　收成量
1m×1m　50株 ⇒ 約50顆

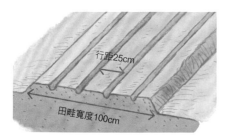

### ■ 達人傳授祕訣中的祕訣

播種期間為9月上旬至10月上旬。**害蟲較多的9月播種需使用防蟲網**。若於10月播種，蟲害較少，雖然不使用網子便可栽培，但到了12月上旬，為了**預防寒害，須進行培土**，讓蕪菁粒埋入土壤之中。因此，9月播種時的行距須從25cm拉開至30cm，確保充足空間。並建議12月**直接鋪蓋不織布預防寒害及鳥類侵食**。

圖為『SWAN』品種

## 1 整地

行距25cm
田畦寬度100cm

在播種作業2週前，於每1m²的面積撒上2kg堆肥進行耕地。

## 2 播種

將種子以1cm的間距進行條播，並疏苗栽培。最終株間為10cm左右。

# 3 疏苗

第一次疏苗的間距為2cm、第二次為5cm，最後一次疏苗則為10cm。

**補充小建議**

種植蕪菁的重點為疏苗。在收成時順便疏苗的話，就不會感覺作業量太大。在作物開始混雜生長之際進行採收。

# 4 收成

小型蕪菁如圖中的大小便可收成。慎選品種的話，即便尺寸越長越大，食用起來還是相當美味。

## 櫻桃蘿蔔的生長速度快
## 種植起來相當容易

櫻桃蘿蔔的生長快速，只需少量肥料便可充分長大。若葉菜類或果菜類等前一作物的生長順利，田地狀態良好，那麼無須使用肥料，直接進行栽培即可。若是在番薯、毛豆等作物收成後，肥料殘留量較少的田地種植，那麼在播種作業2週前，於每1m²的面積撒上1kg堆肥進行整地。

在整地完成的田地挖出溝槽，以1cm的間距進行播種。發芽後，在開始混雜生長之際進行疏苗。

從長到一定大小的櫻桃蘿蔔開始採收。若太慢採收，根部將會龜裂，需特別注意。

# 胡蘿蔔

[繖形科]

難易度　簡單　**稍微簡單**　稍微困難　困難

## 鋪蓋上寒冷紗，使其充分發芽

圖為『HAMABENI五寸』品種

### ■ 推薦品種

『HITOME五寸』（金子種苗）帶有鮮豔紅色，甜度高，口感美味，但卻不適合過冬。『HAMABENI五寸』（橫濱植木）顏色雖然稍淡，卻味道濃郁美味，培土便可置於田中過冬。『RAIMU五寸』（橫濱植木）則可置於田中到3月下旬。

### ■ 栽培計畫

可收成美味期間
3個半月

| | 1 | 2 | 3 | 4 | 5 | 6 | 7 | 8 | 9 | 10 | 11 | 12 |
|---|---|---|---|---|---|---|---|---|---|---|---|---|
| 一般地區 | | | | | | | | | | | | |
| 寒冷地區 | | | | | | | | | | | | |
| 溫暖地區 | | | | | | | | | | | | |

■ 播種　■ 收成

### ■ 家庭菜園種植規劃

所需空間　60cm×2m ／ 株數　50株 ⇒ 收成量　約50條

### ■ 達人傳授祕訣中的祕訣

夏播秋冬收成的胡蘿蔔栽培重點在於是否能**預防田地過乾，讓種子確實發芽**。雖然在梅雨季結束前提早播種較容易發芽，卻也容易抽苔。但梅雨季過後再行播種、頻繁澆水的話，土壤會變硬妨礙發芽。建議於田畦鋪上黑色寒冷紗預防乾燥。**生長初期容易因雜草無法順利生長，因此不可忘記除草工作**。

## 1 整地

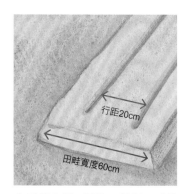

行距20cm

田畦寬度60cm

在播種作業2週前，於每1m²的面積撒上3kg堆肥進行耕地。並堆出田畦。

## 2 播種

進行播種前輕耕田地，剷平田畦表面，挖出播種用溝槽，以1cm間距進行播種。

#### 補充小建議

在播種前再次耕地的話，會讓播種時的土壤表面呈現濕潤狀態，可促進發芽。播種時期正好是氣候容易乾燥之際，建議於傍晚進行作業。

輕輕覆上薄土蓋住種子，再以手按壓。

**3**

播種完後，於田畦鋪蓋上黑色寒冷紗預防乾燥。

### 如此一來省時省力

胡蘿蔔的播種作業往往都會落在梅雨季結束之後。因氣溫升高、雨量減少，田地容易變乾燥。不僅如此，要不停地澆水讓種子發芽也相當費工夫。建議可使用效果佳的黑色寒冷紗，如此一來種子的發芽也更一致。

**4**

當大部分的幼芽皆長出土面，或皆已長出2片本葉時，便可拆除寒冷紗。

**補充小建議**

鋪上寒冷紗的話，幼芽較不易枯萎，若連續數日為晴朗天氣，繼續鋪蓋，直到幼芽長出像圖中的2片本葉。若有下雨，在發芽後立刻拆除寒冷紗，可使生長速度加快、植株也更加健壯。

# 3 除草、中耕

在雜草長大之前，須進行2次的除草、中耕作業。第1次為播種後2週，第2次為第1次除草後的2週。要在行距較窄的空間作業時，可使用如圖中的工具。

# 4 疏苗（第1次）

**1**

**2**

疏苗需進行2次，讓最終的株間為適切的距離。第1次作業在播種後約1個月，長出2～3片本葉之際。疏苗讓株苗距離2～3個手指寬（4～5cm間距）。

### 需特別注意的蟲害及對策

#### 需留意黃鳳蝶的幼蟲

黃鳳蝶的幼蟲會侵食植株，將葉片吃個精光。雖然不會擴散至整片田地，但若有發現，須予以撲滅。

# 5 疏苗（第2次）

在完成第1次疏苗的2週後，進行第2次疏苗作業，取7～8cm間距，大約是男性大拇指及食指拉開的距離，留下1株即可。

疏苗拔起的蘿蔔根葉也相當美味。可用於沙拉或裹粉油炸。

## 享受各品種的獨特美味

胡蘿蔔依品種不同，收成期間及味道也有所差異。建議種植多品種，享受不同風味。

# 6 收成

拔起葉子充分長大的胡蘿蔔，開始進行採收作業。將拔起的胡蘿蔔曝曬於陽光下約10分鐘使其乾燥，便可減少損傷發生。若是整株根部生長於地面下的品種，只需進行培土，便可於田中過冬。

**補充小建議**

7月播種的早收品種從10月初便可開始採收。但採收初期，即便葉子充分長大、蘿蔔根部還尚未生長完全的情況較多，建議先試拔尺寸最大的植株，確認生長狀況。

## 如何預防歧根及裂根？

若土壤中含有未熟的堆肥、硬土及小石塊，將容易造成左圖的「歧根」情況。若疏苗較遲，也有可能會讓相鄰的胡蘿蔔糾結生長導致變形。右圖為錯過收成時期，長時間放置於田中，導致「裂根」發生。生長初期的水分控制若不穩定，也容易引起裂根情況。

# 長時間保存美味的祕訣

## 祕訣 1 切除葉子，維持收成後的鮮度

拔起收成的胡蘿蔔若不切除葉子，將會讓水分流失加快，提早老化。因此建議在收成後，於田中立刻將葉子從根部切除。

## 祕訣 2 置於田中過冬後，於3月時移至冰箱存放

就算能夠置於田中過冬的胡蘿蔔到了3月時也會抽苔，因此建議在那之前全數採收，切除葉子後，以塑膠袋包裹置於冰箱保存的話，可存放至5月。

## 祕訣 3 挑戰看看較容易發芽的春播！

胡蘿蔔相較之下較容易保存，因此除了夏播，春季也播種栽培的話，1年之中將有相當長的時間可看見胡蘿蔔為餐桌增添色彩。春播的發芽失敗率相當低，容易栽培。但春播時，必須選購適合春播、抽苔較慢的品種。『向陽二號』（瀧井種苗）不僅可用於春播及夏播，抽苔速度較慢，耐熱性也較佳，是筆者相當推薦的品種。此外，春季時，胡蘿蔔較不容易裂根，因此有著容易裂根特性的『黑田五寸』品種也可於此季節安心栽培。

利用挖洞的塑膠布，於每1植穴播入7～8顆種子。發芽後2週左右，將每1處的嫩芽疏苗，留下2～3株，株苗生長至20cm時，再次進行疏苗留剩1株。高溫潮濕的氣候易讓胡蘿蔔受損，因此逐一將長大的胡蘿蔔採收，於6月下旬全數收成完畢。

建議使用可保溫兼具抑制雜草生長的塑膠布。選擇15cm間距的挖洞規格品最為便利。每1植穴點播7～8顆種子。

春播時，播種後不用黑色寒冷紗，改以不織布直接鋪蓋。此時正值強風季節，不織布須以固定器緊緊插入土中，避免飛起。

123

# 馬鈴薯

[茄科]

難易度 　簡單　 　稍微簡單　 　稍微困難　 　困難　

## 馬鈴薯不喜高溫潮濕，只要確保田地通風，便可順利生長

### ■ 推薦品種

『KITAAKARI』的色澤漂亮，剛出爐時的味道絕佳無比。但該品種烹煮之後較容易軟爛，以及生長越大時，易產生空洞，需特別留意。
『TOYOSIRO』的優點為對疾病抵抗力較佳，不易煮爛，芽口較淺，削皮容易。

### ■ 栽培計畫

可收成美味期間
1個月

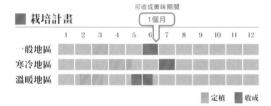

|  | 1 | 2 | 3 | 4 | 5 | 6 | 7 | 8 | 9 | 10 | 11 | 12 |
|---|---|---|---|---|---|---|---|---|---|---|---|---|
| 一般地區 | | | | | | | | | | | | |
| 寒冷地區 | | | | | | | | | | | | |
| 溫暖地區 | | | | | | | | | | | | |

■ 定植　■ 收成

### ■ 家庭菜園規劃參考

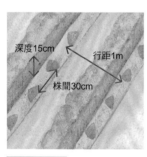

所需空間　1.5m×4.5m／株數 30株 ⇒ 收成量 約20kg

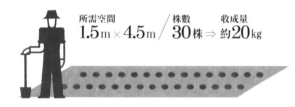

圖中前方為『KITAAKARI』，後方為『TOYOSIRO』品種

### ■ 達人傳授祕訣中的祕訣

說到馬鈴薯的話，最有名的是『男爵薯』及『MAY QUEEN』，但有機栽培時，**疾病抵抗力較佳的**『KITAAKARI』與『TOYOSIRO』品種更為合適。若使用自家收成的馬鈴薯作為種薯，容易生長病原菌，相當不建議。**請務必購買種薯來使用**。在此介紹**不用摘芽的種植方法**。

## 1 整地

在定植作業2週前，於每1m²的面積撒上2kg堆肥進行耕地。

深度15cm　行距1m　株間30cm

**補充小建議**

需注意不可施予過量肥料。因為馬鈴薯長大後，內部很容易產生空洞，也容易罹患疾病。若田中殘留有前一作物的肥料，那麼無須施肥，直接定植即可。

### 利用「浴光催芽」讓馬鈴薯更加肥大

要在初期促進生長，讓馬鈴薯更加肥大，可選擇名叫「浴光催芽」的方法。具體來說，將種薯放置於可照射到陽光的溫暖位置（上圖），讓種薯長出綠色短芽（下圖）的方式。「浴光催芽」需在定植前2～3周進行。若短芽接觸到霜的話便會枯萎，因此建議夜間將種薯移至屋內。雖然需多這一道功夫，但可培育成高度較低，紮實健壯的植株，有利於生長。

# 2 準備種薯

種薯會從接近「頂端」處，長出螺旋狀的良芽。良芽位在和植株相連結處（基部）的反方向位置。

**如此一來省時省力**
將種薯頂端朝上，縱向切成4等分或6等分大小的薯塊。此時無需太在意是否有均等切塊，只要憑感覺切開，讓良芽平均分布即可。

從頂端縱向切分種薯。

**補充小建議**
取中型尺寸（約100g）作為種薯最為合適。此大小的種薯方便切成4等分，口感也不錯。若使用大尺寸的『KITA-AKARI』（150g以上）作為種薯，生長時便容易產生空洞。

將中型尺寸的種薯切成4等分，大型尺寸則切成6等分。

**如此一來省時省力**
將種薯切的較小塊，讓芽數有限，便無需摘芽。

切開種薯後，於陰涼處靜置1天，讓切口乾燥，較不易有病原菌入侵。但若放置時間過長，切口處將有可能孳生雜菌，需特別注意。

**補充小建議**
切開種薯、曬乾切口的作業建議於連續2天的晴朗日進行。若在雨天進行的話，將容易罹患疾病。

# 3 定植

挖出約15cm深的定植用溝槽。

**補充小建議**
當不同株的馬鈴薯植株葉片相互碰觸時，將容易罹患疾病，因此建議拉寬行列距離。

於溝槽放入種薯，種薯間的距離為30cm，大約是一腳的長度。覆土厚度約為5～10cm。讓溝槽留有距地面約5cm左右的凹槽。

**補充小建議**
若種薯切口朝下種植，芽的生長較為一致，培土作業也較容易進行。若切口朝上，雖然作物會生長得較大，芽的生長卻較為雜亂。

# 4 除草

定植後1個月，在地面尚未有裂痕長出芽之前，翻動土壤表面進行除草。若芽埋在土壤中，將不利生長，等到出芽後再除草就太遲了。

# 5 培土

**1**

培土分2次進行。第1次是在除草後的2～3週，當大部分的芽都冒出，開始長高時，邊培土邊除草。以葉子不會埋入土中為前提輕輕培土。

**2**

第2次培土為5月中旬。以葉子不會埋入土中為原則，讓植株下方的莖部完全覆蓋培土。

## 不可讓植株根部的土壤下凹

在進行培土時，土壤頂端若出現下凹（箭頭處），便會積水，容易讓植株生病。因此建議利用鐵鍬將土壤頂端作成山型。

種薯

需讓土壤如手指方向處呈現山型狀態。

確保行列距離，抓緊時機進行除草及撥土作業的話，田地透氣性佳，作物便不容易患病。馬鈴薯相當不耐高溫潮濕氣候，因此需特別注意。

## 需特別注意的蟲害及對策

### 葉片長出黑點的「疫病」

當高溫潮濕氣候持續，植株狀態變弱時，並容易罹患疫病。當患上疫病將有損馬鈴薯的保存性。此外，若疫病持續發生，植株將可能不斷枯萎、或造成馬鈴薯腐敗。因此若罹患疫病時，在受害情況尚未擴大時，盡早完成採收。另外，將罹病的植株盡早挖掘收成，移至田地之外也相當重要。

### 侵食葉子的害蟲「二十八星瓢蟲」

協助捕食蚜蟲的瓢蟲對於種植蔬菜相當有益，但和瓢蟲長相相似的二十八星瓢蟲會侵食茄科蔬菜及小黃瓜葉，對作物有害。雖然馬鈴薯的蟲害較少，但若發現仍須立刻予以撲滅。上圖為成蟲，下圖為藏於馬鈴薯葉內側的蟲蛹。

# 6 收成

當植株上部開始枯萎，便進入採收季節。

長時間保存美味的祕訣

### 祕訣 1 在土壤乾燥的氣候下採收

若在土壤潮濕的狀態下採收，沾附於馬鈴薯的泥土將不易去除，使得保存期間容易受損。因此建議於土壤乾燥的氣候下採收。為避免表皮受損，盡可能以雙手挖掘。另外，若採有機栽培，生長後半階段較容易罹病，建議盡早完成採收作業。

### 祕訣 2 曝曬採收

挖掘起的馬鈴薯不可疊放，應平鋪讓表面的泥土乾燥。但若長時間曝曬的話，會造成馬鈴薯綠化，產生毒性，因此曝曬1～2小時便可收起。

### 祕訣 3 存放於通風良好的陰暗處

存放馬鈴薯時，須放入透氣性佳的塑膠箱，並置於陰暗處。若會照射到陽光，建議以黑色遮光網覆蓋塑膠箱，確保透氣性的同時，預防紫外線。此外，罹病的馬鈴薯必須丟棄外，外觀受損的馬鈴薯應盡早食用，勿再存放。存放之際馬鈴薯也有可能產生損傷，建議定期進行確認。若未將受損的馬鈴薯取出，也會讓周圍的馬鈴薯相繼產生損傷。冬季需存放於不會凍傷的溫暖處，但若過度溫暖，將會讓馬鈴薯長芽。

# 芋頭

[天南星科]

難易度　簡單｜稍微簡單｜稍微困難｜困難

## 豐收的關鍵
## 在於勤於培土

### ■ 推薦品種

『土垂』是食用子芋相當受歡迎的品種。不僅味道佳，也易於料理。『石川早生』也是食用子芋，形狀為短胖圓形，熱騰騰相當美味。

### ■ 栽培計畫

可收成美味期間
3個月

| | 1 | 2 | 3 | 4 | 5 | 6 | 7 | 8 | 9 | 10 | 11 | 12 |
|---|---|---|---|---|---|---|---|---|---|---|---|---|
| 一般地區 | | | | | | | | | | | | |
| 寒冷地區 | | | | | | | | | | | | |
| 溫暖地區 | | | | | | | | | | | | |

■ 定植　■ 收成

### ■ 家庭菜園規劃參考

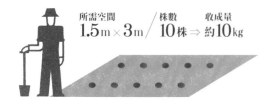

所需空間　1.5m×3m　／　株數　10株　⇒　收成量　約10kg

圖為『土垂』品種

### ■ 達人傳授祕訣中的祕訣

若使用母芋作為種薯，生長速度較快，但市面上所銷售的種薯幾乎都是子芋。較大顆的子芋即便頂端芽處有受損，還是能從側芽繼續生長。芋頭的栽培**重點為撥土**。但若一次完成撥土的話，芋頭將不會長大。祕訣在於**需分成3次進行**。**梅雨季結束前後也需特別注意不可過度乾燥**。

## 1 整地

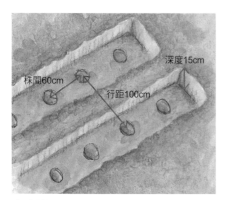

深度15cm
株間60cm
行距100cm

在定植作業2週前，於每1m²的面積撒上2kg堆肥進行耕地。

## 2 定植

1 以鐵鍬從左右兩側將土挖起，挖出深度15cm左右的溝槽。

2 將種薯以60cm的間距（約2腳的長度）壓入溝槽中。

#### 補充小建議

將芽朝下種植的話，雖然可以增加收成量，但子芋會不斷向外擴張，便會增加培土作業。將芽朝上種植的話，照料會較為輕鬆。

讓溝槽留有些許凹槽為前提進行覆土。再利用其後的第一次培土將土填平。若在定植時就將土填平的話，第3次培土就必須將土培得很高，作業上相當辛苦。

**補充小建議**

覆土後，若芽露出土壤也無妨。相反地，若覆土過後，會造成地溫下降，使得芽長出的時間變慢。

## 3 培土

培土時順便進行除草。第1次為芽幾乎都長出來前的5月中旬，第2次為第1次作業完成後的20天左右，大約在6月上旬～下旬。第3次則是須將子芋蓋住，覆上大量土壤。

**補充小建議**

根部在梅雨季結束時會長出田畦之外，讓人不易走入田畦間，因此建議於梅雨季結束前完成培土作業。

### 需特別注意的蟲害及對策

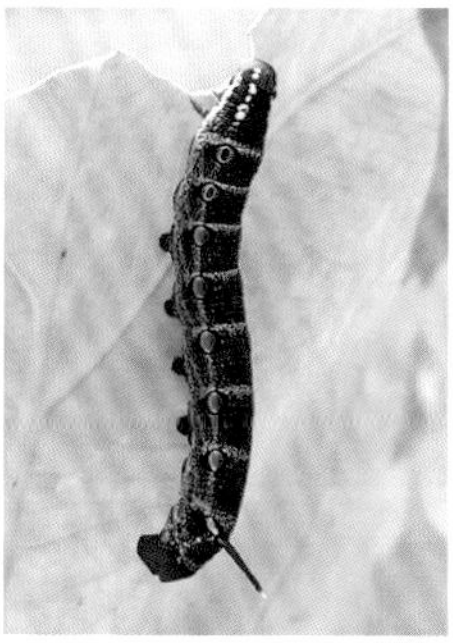

芋頭的病蟲害雖然不多，但仍需注意雙斜紋天蛾的幼蟲。雖然長相怪異，但既無刺也無毒，若有發現予以撲滅即可。另也需注意斜紋夜盜蟲的幼蟲。在還是成群聚集的年輕幼蟲時較容易撲滅。

雙斜紋天蛾幼蟲的體長會不斷長大，到處啃食葉片，危害相當大。

## 4 收成

首先切下莖部。接著使用前端為尖刺狀的萬能鍬大面積的挖起，避免遍布於土壤中的芋頭受損。

**收成美味不間斷祕訣**

9月中旬起便可提早挖掘。10月後即為正式產季，收成作業需在降霜頻率增加的12月初結束。首先分批收成每次製作料理時所需要的數量，最後則是完成所有挖掘，並將剩餘的作物作為保存用。

不馬上食用的話，將母芋及子芋繼續留於同株，只摘取欲食用的子芋。選擇較小顆的母芋保存作為種薯用。

**補充小建議**

若使用大顆母芋作為隔年用的種薯，收成時子芋會緊緊附著著母芋，不易分開。

## 5 保存

於土壤上放置芋頭，並蓋上稻草。接著再蓋上塑膠罩，並蓋上約30cm的土壤，如此繁複是為了讓途中想挖掘時較好作業。若只是家庭菜園的話，挖洞放置其中保存即可。挖出深度60cm以上的洞穴，底部鋪上稻殼，將稻草覆蓋成像屋頂形狀，並覆上土壤。

# 番薯

[旋花科]

難易度　| 簡單 | 精微簡單 | 精微困難 | 困難 |

## 無需施肥所以不用花時間照料
## 堆成較高的田畦有助於蕃薯苗壯

### ■ 推薦品種

説到番薯品種一定不會遺漏『BENIAZUMA』，美味任誰都會喜歡，根部肥大，收成量也多。近期，除了甜味極佳的『BENIHARUKA』越來越受歡迎外，筆者還推薦『高系14號』、『PUPRLE SWEET ROAD』及『蜜芋』品種。

### ■ 栽培計畫

可收成美味期間
1個半月

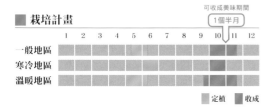

| | 1 | 2 | 3 | 4 | 5 | 6 | 7 | 8 | 9 | 10 | 11 | 12 |
|---|---|---|---|---|---|---|---|---|---|---|---|---|
| 一般地區 | | | | | | | | | | | | |
| 寒冷地區 | | | | | | | | | | | | |
| 溫暖地區 | | | | | | | | | | | | |

■ 定植　■ 收成

### ■ 家庭菜園規劃參考

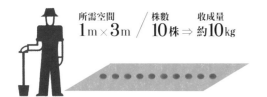

所需空間　1m×3m ／ 株數 10株 ⇒ 收成量 約10kg

圖為『BENIAZUMA』品種

### ■ 達人傳授祕訣中的祕訣

常被拿來作為救荒作物運用的番薯**不需要太多的肥料**。若肥料過多，反而容易發生徒長莖葉，番薯完全沒長大的情況。因此若是於平常便有施予肥料的田地種植，那麼種植時可以不用施肥，直接栽培即可。定植後，**大概只需除草照料**，若再蓋上塑膠布，更可省去作業時間。

## 1 備苗

將番薯苗莖部上下處以膠帶綑綁，使其立直。若是採購取得，也是需以相同的方式截彎取直。

**補充小建議**

若覆蓋塑膠布時，讓番薯苗直立可讓插入植穴的作業更容易進行。

為了讓著根順利，於水桶裝約1cm深的水，放入株苗，僅讓株苗的切口部浸於水中。

**3**

從節部長出1～2mm根部時，便可進行定植。大約是置於水中的3～4天後。

> **補充小建議**
>
> 若根部過度生長，定植時將會使根部折斷。因此購買株苗時，建議挑選根部較短者。

## 自行培育蔓苗

家庭菜園一般都是購買蔓苗來栽培番薯。但若想自己培育蔓苗的話，可將番薯躺置於溫床，栽培蔓苗。若無法準備溫床時，也可在氣溫回升的4月架設塑膠隧道，將番薯置於其中育苗。

於溫床鋪上腐葉土後放置番薯，再於其上鋪蓋腐葉土及稻殼。

當藤蔓生長50～60cm時，切下最前端的30cm作為株苗，並可不斷切取株苗。

## 2 整地

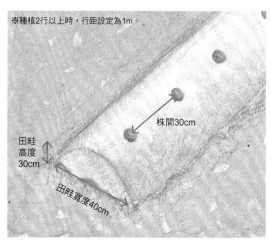

※種植2行以上時，行距設定為1m。

株間30cm

田畦高度30cm

田畦寬度40cm

無須施肥。將田畦堆成高約30cm的拱形並覆蓋上塑膠布。

> **補充小建議**
>
> 堆成較高的田畦，不僅有助於番薯苗壯，收成也較為輕鬆。

## 3 定植

**1**

從塑膠布上於田畦中央利用棒子插入，挖出植穴。

> **補充小建議**
>
> 若將株苗垂直植入的話，番薯可長的比較大顆，但數量較少。若讓株苗倒臥種植，番薯尺寸較小，但數量較多。雖然品種不同會有所差異，但建議將『BENIAZUMA』以45度的斜度進行定植。

將株苗深插入植穴中。只需讓頭部的葉片露出即可。

從塑膠布外輕輕按壓，讓株苗充分附著土壤。

用澆水器於植穴澆水，促進株苗存活。

晴天時，若葉片直接接觸塑膠布，會因高溫導致枯萎。因此可於植株根部的塑膠布上鋪上土壤預防。

**補充小建議**

若塑膠布鋪蓋的太過鬆散，和土壤間形成空隙的話，內部會呈現高溫，導致株苗容易枯萎（如圖）。因此鋪蓋塑膠布時需拉緊避免與土壤間產生空隙。

定植後的株苗雖然會呈現枯萎狀，但只要根部充分抓地後，葉子會堅挺，並長出新的葉子。

## 增加番薯收成數量的「水平植法」

要讓番薯數量增加，筆者推薦水平植法。若使用節數較多，較大型的株苗，埋入土中的節數便會較多，如此一來番薯雖然體積較小，數量卻會增加。但這種種植方式無法使用塑膠布，因此會增加除草作業量。

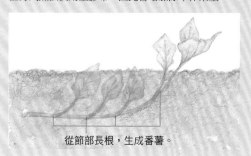

從節部長根，生成番薯。

# 4 除草

在藤蔓長出塑膠布外之前，需進行田畦間的除草。若只有葉子部分茂盛生長，就無除草的必要。

# 5 收成

收成時，首先以鐮刀將藤蔓切除，將葉子與藤蔓撥至單側，並撕開塑膠布。

為避免番薯受損，邊拉起藤蔓，邊以手挖掘。若土壤較硬時，可使用萬能鍬作業，但需注意要從側邊下鍬。

### 補充小建議

土壤較乾燥的氣候下，番薯較好挖掘，且不容易沾附髒污。若在下雨過後作業，建議將番薯曝曬數小時使其乾燥，較有利存放。

## 試挖確認番薯大小

番薯的採收時期為10月底～11月初。太早挖掘的話，番薯味道尚淡，也不耐寒冷，不要太晚採收。進行試挖，確認番薯的大小，若長成可挖掘大小時，逐一挖出即可。若於5月進行定植，9月底應可長出相當大小的番薯。另外，若風味不佳，甜味不夠時，將番薯曝曬1週，將可變美味，但需注意不可淋到雨。

# 日本山藥

[薯蕷科]

難易度 | 簡單 | 稍微簡單 | 稍微困難 | 困難

## 種植塊根長度較短的品種
## 透過高畦與淺植的方式輕鬆收成

### ■ 推薦品種

『ICHOIMO』的塊根長度較短，收成時容易挖掘出土，因此相當推薦。『短型自然薯』也屬容易挖掘的品種，黏稠度佳，口感美味。

### ■ 栽培計畫

可收成美味期間
2個月

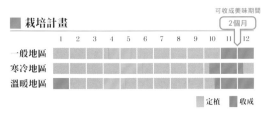

|  | 1 | 2 | 3 | 4 | 5 | 6 | 7 | 8 | 9 | 10 | 11 | 12 |
|---|---|---|---|---|---|---|---|---|---|---|---|---|
| 一般地區 | | | | | | | | | | | | |
| 寒冷地區 | | | | | | | | | | | | |
| 溫暖地區 | | | | | | | | | | | | |

■ 定植　■ 收成

### ■ 家庭菜園規劃參考

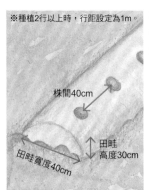

所需空間
40cm × 3.2m

株數
8株 ⇒

收成量
約8顆

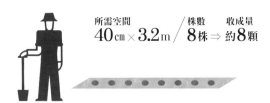

圖為『短型自然薯』品種

### ■ 達人傳授祕訣中的祕訣

若是塊根較長的日本山藥，在挖掘時相當吃力，因此推薦長度大約50cm的短尺寸品種。將田畦堆作較高的話，短型品種只需挖掘約30cm，用一般的鐵鏟並可進行收成。若選種長尺寸品種，可利用聚乙烯塑膠管讓山藥於其中生長等方式栽培。從晚秋起開始採收，也可將作物置於田中直到早春來臨。

## 1 整地

※種植2行以上時，行距設定為1m。

株間40cm

田畦寬度40cm

田畦高度30cm

在定植作業2週前，於每1m²的面積撒上2kg堆肥進行耕地。堆出30cm高的拱形高畦，並鋪蓋塑膠布。

#### 補充小建議

作成高畦的話，收成時的挖掘作業較為輕鬆。另外，山藥的栽培期間較長，鋪蓋黑色塑膠布的話，對於預防雜草也相當有效果。

## 2 架設支柱

設定30～40cm間距，並橫拉起麻繩。

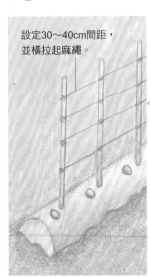

配合株間，架設一條條的直立式支柱，並橫拉起麻繩。

#### 補充小建議

架設支柱是為了讓藤蔓纏繞於其上，因此無須太在意形狀。若是種植2行的話，可選擇架設合掌式支柱，並掛上網子。

# 3 定植

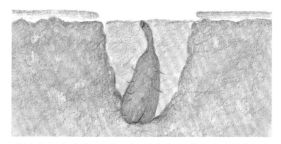

若是使用市售的種薯，無須進行發芽。尺寸較小者可直接定植，較大者將每塊切成50～70g大小，讓切口乾燥後再行定植。一般會讓種薯橫躺生長，但若鋪有塑膠布，將較難讓種薯橫躺，需站立定植。定植深度為可覆蓋種薯的淺植，如此一來較方便收成。但若有出芽的話，須將出芽部確實埋入土中。

# 4 誘引

只需於初期階段以繩子將蔓能誘引至支柱或網子，之後便會自然地攀附其上。誘引後無需其他特別照料。

**補充小建議**

若支柱被強風吹倒時，需盡快將其立起。若藤蔓向下生長的話，會形成大量珠芽（零餘子），使得山藥無法長大。

# 5 收成

進入10月後，地面以上的部分會開始枯萎。這便是收成的判斷指標。將支柱及網子卸下，開始進行採收。

種植短型種時，越下面根部擴散的範圍越大，為避免山藥受損，須從大面積範圍開始進行挖掘。

山藥相當耐寒，若不挖掘出來的話，可置於田中直到春季來臨，取用每次的需要量，享受收成吧。

## 自行試種種薯

山藥的種薯價格較高，因此農家會選擇將去年收成的山藥下半部售出，保留上方20cm左右作為種薯。為了不讓低發芽率影響收成量，可與育苗盆進行暫植，選出發芽的株苗進行定植。

此外，若將秋季附著於藤蔓的珠芽和米飯一起烹煮不僅美味，也可利用這些珠芽培育出種薯。將珠芽於隔年進行條播，發芽後進行疏苗，每7～8cm間距留下1株種植。到了秋季，便會長出約20cm長的山藥。但不食用此山藥，而是將整個拿來作為隔年的種薯。

將1株種薯於一個直徑10cm的育苗盆中進行暫植。

長於地面上的「珠芽」

# 牛蒡

[菊科]

難易度　簡單　稍微簡單　稍微困難　困難

## 不可向雜草投降，從發芽之前就必須充分進行除草

### ■ 推薦品種

『大浦太牛蒡』（柳川採種研究會）的根部約50cm，屬較短品種，相較而言較容易栽培及收成。就算長粗、生成空洞，也不影響口感及味道。

### ■ 栽培計畫

可收成美味期間
7個月

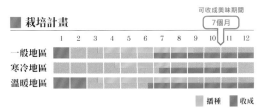

| | 1 | 2 | 3 | 4 | 5 | 6 | 7 | 8 | 9 | 10 | 11 | 12 |
|---|---|---|---|---|---|---|---|---|---|---|---|---|
| 一般地區 | | | | | | | | | | | | |
| 寒冷地區 | | | | | | | | | | | | |
| 溫暖地區 | | | | | | | | | | | | |

■ 播種　■ 收成

### ■ 家庭菜園規劃參考

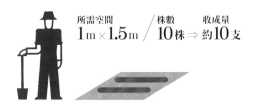

所需空間　　　　　株數　　　　　收成量
1m×1.5m　／　10株 ⇒ 約10支

圖為『大浦太牛蒡』品種

### ■ 達人傳授祕訣中的祕訣

收成牛蒡時的挖掘作業雖然相當累人，但選種短根品種的話，會輕鬆許多。但若土中殘留為分解的堆肥塊，將會造成歧根發生，因此建議提前整地。牛蒡的種子具好光性，進行淺播即可。但種子發芽所需的時間較長，初期的生長也較為緩慢，切記勤於除草，別向雜草投降了！

## 1 整地

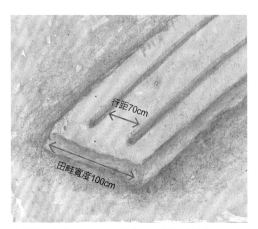

行距70cm

田畦寬度100cm

在播種作業2週前，於每1m²的面積撒上2～3kg堆肥，充分進行耕地。

## 2 播種

以2cm的間距播1顆種子。將種子壓入土中進行淺植，覆上薄土。

補充小建議

『大浦太牛蒡』品種雖然在春季就可以播種，但若太快播種，到了冬季將會長的太粗。若於6月播種的話，可從10月採收至隔年3月，長時間收成。

# 3 除草

不可向雜草投降，從發芽之前就必須進行除草。在1～2週期間發芽完後，初期的生長較為緩慢，因此須多花點心思除草。

**補充小建議**

若碰觸到嫩芽的話，將會讓生長情況不佳，在拔除雜草時，需特別注意別傷到了嫩芽。

## 需特別注意的蟲害及對策

### 若嫩芽從根部整株倒下

若嫩芽從根部整株倒下的話，便是根切蟲造成的。發芽後2週左右相當容易受到此蟲害。挖掘剛倒下的嫩芽周圍，便可發現幼蟲的蹤跡，需即刻撲滅。

# 4 疏苗

分2次進行疏苗。第1次是長出3片本葉時，取5cm間距。

第2次的疏苗為長出4～5片本葉時，取10～15cm間距。

# 5 除草、中耕

葉子充分成長苗壯前，需進行除草順便輕耕表土。耕土若不慎碰觸植株根部的生長點，將可能會讓生長停止，因此作業時須特別謹慎。

**補充小建議**

即便植株生長到相當程度，植株周圍的雜草仍是不可使用鐮刀，必須以雙手進行。

# 6 收成

『大浦太牛蒡』在播種後約100天便可收成。長度約為50cm，因此用一般的鐵鍬便可挖起。

在距離植株相當距離的位置插入鐵鍬，挖起約30cm的土壤後，握住根部整株拔起。

置於田中，可逐一收成至3月春分左右。

一般種的根部變粗時，內部容易產生空洞，變的乾癟偏硬。『大浦太牛蒡』品種就算生成空洞，也不影響口感。

**補充小建議**

若想置於田中更長時間的話，於早春時去除外露出地面的芽部。雖然會稍稍變硬，但卻可以放至5月。

# 生薑

[薑科]

難易度　簡單　稍微簡單　稍微困難　困難

## 初期的除草及預防乾燥的鋪蓋稻稈相當重要

### ■ 推薦品種

『大身生薑』屬根部能夠生長變大的品種，建議可作為根薑採收。『房州赤目』的根部較迷你，因此適合作為葉薑。

### ■ 栽培計畫

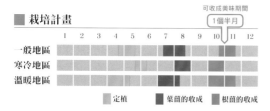

|  | | 1 | 2 | 3 | 4 | 5 | 6 | 7 | 8 | 9 | 10 | 11 | 12 |
|---|---|---|---|---|---|---|---|---|---|---|---|---|---|
| 一般地區 | | | | | | | | | | | | | |
| 寒冷地區 | | | | | | | | | | | | | |
| 溫暖地區 | | | | | | | | | | | | | |

可收成美味期間 1個半月

定植　葉薑的收成　根薑的收成

### ■ 家庭菜園規劃參考

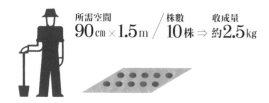

所需空間 90cm×1.5m ／ 株數 10株 ⇒ 收成量 約2.5kg

---

圖為『房州赤目』品種

### ■ 達人傳授祕訣中的祕訣

雖然夏季可享用葉薑、冬季可享用根薑，但也能將根薑用的品種進行疏苗，作為葉薑來使用，此時建議栽培較多數量。**生薑喜好強烈日光照射，但在一般光線的位置也能充分成長**。成功栽培的祕訣在於**初期的除草及預防乾燥**。生薑相當不耐寒，**建議在降霜之前挖起**。

---

## 1 整地

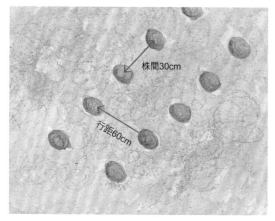

株間30cm

行距60cm

在定植作業2週前，於每1m²的面積撒上2kg堆肥及200g發酵肥料，進行耕地。

## 2 準備種薑

切分大顆種薑時須注意每塊都必須有芽眼，讓切口乾燥2～3天後進行定植。種薑的芽眼會從箭頭處的隆起部分長出。

> **補充小建議**
> 若種薑太小塊的話，只會長出不健康的芽眼。每顆種薑大小約需50g。

# 3 定植

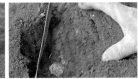

把種薑以30cm間距埋入（左圖），並覆蓋土壤（右圖）。種薑的頂端需在距離地面約5cm深處。

# 4 除草

生薑的初期生長緩慢，發芽約需1個月左右。若田畦叢生雜草，生薑會無法順利生長，因此從發芽前就必須開始輕刮土壤除草。

**補充小建議**

要預防雜草，可選擇先在育苗盆育苗發芽後在定植的方式。雖然也可以覆蓋塑膠布，但芽會擴散生長，當長出1～2株芽時，便須將塑膠布拆除。若繼續覆蓋，芽無法伸出塑膠布，將會悶死。

# 5 預防乾燥

栽培生薑的訣竅之一為預防乾燥。當芽開始長出時，需鋪蓋稻稈。也可將割下的雜草加以運用。

**補充小建議**

在鋪蓋稻稈之前，需確實執行除草。將稻稈密鋪的話也可抑制雜草生長。

### 如此一來省時省力

生薑在一般光線處也能充分生長，因此種植於植株較高的玉米或番茄下也OK。不僅能充分運用空間，還能預防乾燥。

# 6 葉薑的收成

夏季為葉薑採收的季節。水分含量高、辣度適中，能品嚐到適合夏季的清爽。也可將根薑用品種疏苗後採收，若希望充分享受該樂趣，建議可栽培較多的數量。

# 7 根薑的收成

充分生長後，在碰觸到霜之前予以採收。

**補充小建議**

生薑比番薯更不喜寒冷。初霜之前，在葉子還是綠色之際進行挖掘。若等到遇霜後，葉子開始枯萎才採收的話，將無法久放。

# 8 保存

保存根薑時，需挖掘深度約60cm的洞穴。將稻殼及生薑交互掩埋，並蓋上塑膠袋預防雨水即可。

**補充小建議**

為讓冬季時方便拿取，建議存放於倉庫中挖掘的洞穴裡。於洞穴底部鋪上稻殼，排滿1層生薑後，再鋪上稻殼覆蓋，重複動作向上疊置，最後於地面高度處鋪上稻殼。

# 「如何取得蔬菜的種子及株苗」

## 金子種苗

〒371-8503
群馬縣前橋市古市町1-50-12
027-251-1611
http://www.kanekoseeds.jp/

## 坂田種子

〒224-0041
橫濱市都筑區仲町台2-7-1
045-945-8800（代表號）
http://sakata-netshop.com/

## 自然農法中心

〒390-1401
長野縣松本市波田5632番地1
公益財團法人自然農法國際研究開發中心
研究部育種課
0263-92-7701
http://www.infrc.or.jp/

## 瀧井種苗

〒600-8686
京都市下京區梅小路通猪熊東入
075-365-0140（銷售股）
http://shop.takii.co.jp/

## TOKITA種苗

〒337-8532
埼玉縣埼玉市見沼區中川1069
048-685-3190
http://www.tokitaseed.co.jp/

## MIKADO協和

〒267-0056
千葉縣千葉市綠區大野台1-4-11 國內營業本部
043-311-6100
http://mikadokyowa.com/

## 武藏野種苗園

〒171-0022
東京都豊島區南池袋1-26-10
03-3986-0715（種苗事業部）
http://www.musaseed.co.jp/

## 柳川採種研究會

〒319-0123
茨城縣小美玉市羽鳥256
0299-46-0311（代表號）
http://www.yanaken.com/

## 橫濱植木

〒232-8587
橫濱市南區唐澤15番地
045-262-7405
http://www.yokohamaueki.co.jp/

## 渡邊採種場

〒987-8607
宮城縣美里町南小牛田字町屋敷109
0229-32-2221（代表號）
http://watanabe-seed.com/

## ATARIYA農園

〒289-0392
千葉縣香取市阿玉川1103
0478-83-3180
http://www.rakuten.ne.jp/gold/purefarm/

## 丸種

〒600-8691
京都市下京區七條新町西入
075-371-5101（代表號）
http://www.marutane.com/

※上述為2015年3月之最新資訊。

# 有機栽培與田間作業的基本知識

從田地的基本作業重點
到堆肥、發酵肥料製法，
以及如何防治雜草與蟲害

# 至少必須知道的**田地基本作業**

栽培蔬菜從整地到收成的過程中，
有幾項共通的基本作業。
將整體流程及訣竅牢記，才是栽培出美味蔬菜的第一步。

 ## 整地
所有蔬菜類

在播下蔬菜種子、定植株苗之前，有個必須執行的作業。那就是施入種植蔬菜不可或缺的肥料。肥料的過多與不足都會讓作物無法順利生長。於田中施入各種作物所需要的肥料份量吧！

有機栽培中，肥料的最基本組成為堆肥。但若是未熟的堆肥會讓植物無法生長苗壯，因此須將肥料於播種或定植作業2週前施入田中。（詳細內容請參照第150頁）。

此外，針對果菜類等需要較多肥料的蔬菜，在整地時，除了堆肥還需添加發酵肥料。

發酵肥料係指將米糠等肥料成分高的材料發酵而成，施肥成效極高。

若一年中要進行多次栽培，不僅春季需要施入堆肥，還需依照蔬菜的生長，在蔬菜栽培銜接之際施肥，以確保地力。

種植番茄時，冬季可將擋雨棚移除，施予發酵肥料，讓肥料養分隨著雨水滲入土壤中。

 ## 作畦
所有蔬菜類

栽培蔬菜時，將田地劃分間距，把土壤堆成條狀物，稱之為「田畦」，或「畦床」。

田畦還有著幫助排水及透氣的功效。若田地本身的排水性就足夠，部分作物則可不必堆製田畦。

此外，可根據田畦的排水性來決定田畦高度。排水性較差的田地，需將田畦堆高。

# 3 播種（直播）

播種不可太早或太遲，在適切的時間進行相當重要。其中，一般適合播種的期間長短從1週到10天，時間相當短暫。品種及種植區域不同，差異甚大，因此可向周遭詢問相關訊息。為了避免連年的氣候變遷所帶來的不確定性，建議在適合播種期間內，分數次進行播種作業。播種分有條播、點播及撒播3種方法，依蔬菜種類，選擇合適的方法。

條播

挖出深度約1cm的橫溝，沿著溝槽播種。小松菜及菠菜使用條播方法。

點播

每個播種位置間隔固定距離，在每一處播下數顆種子。白蘿蔔使用點播方法。

撒播

於整片田畦撒下種子。櫻桃蘿蔔使用撒播方法。

# 4 疏苗

胡蘿蔔的第1次疏苗。疏苗的時間點也是相當重要。此外，需特別注意留下的植株不可有拔起的情況。

種植蔬菜若採取密植方式，容易讓植株間相互依靠、競爭，有助於生長出健康株苗。留下健康的嫩芽或株苗，拔除發育不良者，稱為「疏苗」。以胡蘿蔔為例，在播種後1個月，需進行疏苗使株距為4～5cm；再2週後，進行疏苗使株距為7～8cm。

# 5 定植

最近常可於市面上看到比適當時期還要早推出的幼苗。但筆者還是建議購買在適當時期所銷售，已長成適當大小的幼苗。番茄及茄子等夏季蔬菜可等晚霜季節結束時再行定植。此外，無論是定植茄子時的淺植或是定植小黃瓜時的深植，都要讓根部確實長出。

將適當時期的番茄株苗進行定植的樣子。建議選擇莖部已扎實長粗，第1穗狀花（花房）即將開花的株苗。

將小黃瓜株苗走植。須進行深植。

# 架設支柱、誘引

支柱可運用在預防果菜類蔬菜長出果實，越來越重時發生倒伏；讓蔓性植物攀附於網子；為了節省空間時的立體栽培。若將沿地生長特性的蔬菜以立體栽培方式種植，不僅一目了然，在照料及收成上也較為輕鬆。讀者可以於大型家庭用品店選購支柱及管子，建議購買價格稍貴的專業用規格，如此一來可使用較長時間。請各位讀者根據栽培作物的時間總長選擇適合的商品。支柱的架設方法主要為右邊3種。

只將支柱架設好，掛上網子的話，蔬菜的莖部及藤蔓不會自己攀附過來。因此需要利用繩子，將莖部及藤蔓綁附於支柱上，此動作稱為「誘引」。依照生長狀況，需要綑綁數個位置，但像豌豆等植物，只要最初進行誘引，接下來植物的藤蔓便會自行捲曲於網子，不斷地向上生長。

**合掌式**

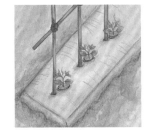

此架設方法不易傾倒，相當堅固，可用於種植番茄及南瓜作物。掛上網子後，還可用來栽培小黃瓜。

**直立式**

像青椒等蔬菜只須將1枝支柱插入土中，便可支撐植株。也可像圖中橫放一枝支柱，增加整體強度。

**交叉式**

進行茄子的3幹整枝栽培時，沿著3枝枝幹架設支柱。

用繩子以8字形的方式將支柱及莖部綑綁在一起，綑綁時須留些許空隙，不可綁太緊，避免莖部沒有生長空間。

# 整枝

整枝的目的在於調整蔬菜生長，以提高收成量。有摘除葉子根部所長出側芽的「摘側芽」及摘除莖部前端的「摘芯」方法。主要於種植番茄及小黃瓜等果菜類時進行。

若植株整體相當健壯，可晚點進行「摘側芽」。留有側芽的話，會需要更多養分，同時可讓植株根部擴張生長。當植株狀態不佳時，建議頻繁地進行摘芯與整枝，讓養分能夠留給植株本體。

**摘側芽**

種植番茄時，將主枝及側枝根部所長出的側芽全數摘除，僅留主枝栽培。若不全數摘除，養分將會被枝葉瓜分，無法結出漂亮果實。

**摘芯**

當番茄主枝長到相當高度時，剪下主枝，讓養分能夠充分留給果實。

# 8 追肥

所有蔬菜類

　　果菜類的茄子及青椒等栽培期間較長的蔬菜若只施予基肥的話略顯不足，容易造成結果狀況不佳。為避免此情況發生，須於種植期間施予肥料，進行追肥。6月中進行追肥的話，為了讓肥料能夠慢慢顯效，可將米糠等直接撒於土壤。若是7月時追肥，建議使用顯效速度較快的發酵肥料。為了避免發酵肥料耕入土壤時讓根部受損，因此將肥料撒於田畦間及植株周圍即可。此外，梅雨季結束之後才追肥的話，幾乎不會有任何成效。

茄子追肥的模樣。以小麥殼取代米糠作為追肥肥料也相當有效果。油渣容易引來蟲類，因此須控制使用量。

大蔥追肥的模樣。在生長初期及中期進行2次的發酵肥料施肥。

# 9 培土、中耕

所有蔬菜類

　　「培土」對於每一作物都有著不同的目的，如預防玉米倒伏、避免芋頭及馬鈴薯的薯部露出地面、以及讓大蔥軟白部分長成等。此外，很多時候會連同除草一起進行。

　　中耕時，透過輕輕耕起植株周圍及田畦周圍的土壤，達到培土效果並順便進行除草。也能讓因下雨變硬的土壤透氣性得以改善。舉例來說，也可利用三角耙刀等工具刮掉土壤表面，進行除草、中耕、培土3個動作。此外，氣溫較高的7、8月雜草生長茂盛，因此不可省略除草作業。但土壤潮濕時，若將除起

的雜草置於田中，雜草又會再次扎根生長。在乾燥的晴天進行，拔起的雜草會馬上枯萎，較可放心。

為了預防玉米倒伏，當植株長至40～50cm高時，進行培土。再過2週時，進行第2次培土。

在行距較窄的情況下進行除草、中耕作業時，還有這樣的特殊工具。

# 10 收成

所有蔬菜類

　　每種蔬菜的收成都有一段適當的採收期間。錯過適當的採收期間，會讓蔬菜風味打折，因此須掌握每種蔬菜的採收期，提早進行收成。

在小黃瓜還是體型偏小，1條約100g時採收的話，口感風味最棒。收成果實時，保留些許連接果實及枝幹的果柄，不完全切除的話，果實較不容易乾癟，可提高保存性，讓美味不減。

# 聰明運用塑膠布及不織布

**在田畦鋪上塑膠布或蓋上不織布，**
**不僅能促進生長，還可預防蟲害。**
**在此解說主要的覆蓋材料種類及使用方法。**

　　讓不好控制的水分、溫度、病蟲害及雜草管理便容易的就是覆蓋材料。但沒有可以適用於所有作物的萬能材料，須依照每一作物的特性，使用合適的覆蓋材料。

　　舉例來說，若使用不符合田畦尺寸的覆蓋材料，反而有可能會妨礙作物生長。在選用時須特別留意，別適得其反讓工作量增加。

右圖／鋪於田畦表面的塑膠布顏色不同，效果也不同。黑色用來預防雜草、銀色則可有效防蟲、透明則是能讓地溫升高。
上圖／若使用網目較小的防蟲網，可以避免幼苗遭小蟲侵食。

**材料長度參考**

| 聚乙烯塑膠布 | 畝幅＋約40cm |
|---|---|
| 不織布 | 畦寬＋約40cm |
| 拱門 | 畦寬＋約130cm |
| 防蟲網 | 畦寬＋約130cm |

**覆蓋物材料的特徵及效果**

| | 保濕 | 雜草 | 防蟲 | 透氣性 | 保溫 |
|---|---|---|---|---|---|
| 稻稈 | ◎ | ○ | ○ | ◎ | ○ |
| 黑色塑膠布 | ◎ | ◎ | × | × | △ |
| 透色塑膠布 | ◎ | △ | × | × | ○ |
| 銀色塑膠布 | ◎ | ○ | ○ | × | × |

# 覆蓋作業

主要目的 ▶ 預防雜草　促進生長　預防泥濘飛濺　等

於田畦表面覆蓋聚乙烯材質的覆蓋材料（塑膠布）或稻稈等統稱為「覆蓋作業」。一般會於堆起田畦時，同時進行覆蓋作業。

塑膠布比稻草更好取得，黑色、銀色、透明、綠色等不同的顏色有不同的功效。被廣泛時用的黑色塑膠布有著預防雜草、防止泥濘飛濺、保持適當濕度等功效。此外，銀色塑膠布能夠杜絕蚜蟲、抑制地溫升高；透明塑膠布有著讓地溫提升的效果。

若能夠取得稻草的話，極力推薦使用稻草。不僅是微生物的棲息地，還可分解於土壤中。若在田畦鋪上塑膠布的同時，也在走道鋪上稻草，將能讓盛夏預防乾燥發揮加乘的效果。

## ◎輕鬆鋪上塑膠布的祕訣

**1** 於田畦邊緣放置塑膠布捲，在塑膠布捲向內15cm處拉起繩子。

**2** 利用鐵鍬於繩子外側沿著繩子挖出淺溝。

**3** 將塑膠布幅單側邊埋入土壤中，邊拉開緊鋪於地面上，避免會因風吹覆。

**4** 於兩側都先迅速以泥土稍微覆蓋，避免張鋪時被風吹走。

**5** 將塑膠布拉伸至田畦末端，於末端處鋪上些許土壤暫時壓住，切開塑膠布捲後，蓋上土壤。

**6** 於塑膠布兩側蓋上土壤。邊踩著塑膠布邊緣，邊蓋上土壤的話，塑膠布較不容易產生皺摺，可緊實拉平。

**7** 完成覆蓋作業。若採平畦種植，溝槽是為了用來掩埋塑膠布，當完成覆蓋後，會回復平畦狀態。此外，排水性不佳的地點須採用高畦。採用高畦時，可於剛開始邊挖掘溝槽，將溝槽內的土壤堆高成畦即可。

# 直接鋪蓋、拱門

主要目的 ➡ （防寒、防暑） （預防蟲害） （防風） 等

在播種之後，直接於其上鋪蓋覆蓋材料稱為「直接鋪蓋」。最好使用的材質為不織布。不織布的最大特徵為重量輕、透氣性佳外，還可確保透光性。直接鋪蓋不織布的話，不僅可維持保濕、保溫效果直到幼芽長出，還有防蟲、除霜、防寒防風等功效。

另外，使用防蟲網或保溫栽培的方式種植作物時，可於作物上方將覆蓋材料以拱門的形狀包覆。若要將不織布用來除霜的話，鋪在拱門上也相當有效果。

## 主要材料的特徵、鋪法及目的

| | 特徵 | 主要鋪法 | 主要目的 |
|---|---|---|---|
| 不織布 | 透光性佳、重量輕、透氣性佳 | 直接鋪蓋、拱門 | 保溫、保濕、防蟲、防風 |
| 寒冷紗 | 夏季用於遮光、防蟲 冬季用於防寒、防霜 | 拱門 | 防日曬、防風 |
| 防蟲網 | 預防蟲害 | 拱門 | 防蟲 |
| 聚乙烯塑膠布 | 保溫效果極佳，透氣性及排濕性不佳 | 拱門 | 保溫、防風 |

# ◎輕鬆地直接鋪蓋不織布祕訣

**1** 於田畦邊緣放置不織布，邊緣的兩端以U形夾確實固定。

**2** 將不織布朝田畦的另一側拉開。

**3** 拉到田畦末端後，同樣以U形夾確實固定。

**4** 為避免風吹走不織布，不織布長端兩側須迅速以泥土稍微覆蓋。強風季節時，建議用U形夾確實固定。

**5** 若想保留整捆完整的不織布長度，可參考圖中於中間處插入U形夾的方式固定。

**6** 於田畦邊緣確實覆土。

## 種植胡蘿蔔時，可使用黑色寒冷紗預防過熱

胡蘿蔔在播種完，直接鋪蓋黑色寒冷紗的話，不僅可以省去澆水、預防乾燥，還可讓發芽一致。

# ◎輕鬆架設拱門祕訣

※在此介紹利用聚乙烯塑膠布架設拱門的方法（保溫栽培）。
若採用此方法，在低溫期間也可進行播種。
不僅葉菜類，春作的胡蘿蔔或白蘿蔔皆可提早1個月左右（北關東的平地區域須在立春過後）播種。
寒冷紗及防蟲網也可用相同發法架設，但若非強風季節，可省略拉綁外側的固定帶。

讓田畦寬度符合U字形拱門支柱尺寸。播種後，將不織布直接鋪蓋，每1m插入拱門支柱。

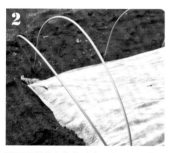

頭尾兩端的支柱若垂直豎立，在鋪上塑膠布後會呈現傾斜，因此須於外側斜插入補強用支柱進行補強。

先將塑膠布覆蓋於田畦單側，並將塑膠布邊緣置中綑綁。

以U形扣具將綑綁完成的塑膠布插入土中進行固定。

除了補強用支柱外，於頭尾兩端最外側支柱的頂端及左右兩側共計3處以固定器固定。

將塑膠布鋪開，拉太高的話，容易被風吹覆，須較為留意。

將塑膠布用力拉緊，於另一端綑綁後，再以U形扣具固定。

將固定帶綁在扣具上，並插入土中，邊拉邊壓覆於塑膠布之上藉以固定。

支柱之間各以一條固定帶交互綑綁固定於拱門兩側，並將固定帶綑綁固定於扣具。

為避免強風吹覆，將塑膠布邊緣埋入土中。

為避免內部溫度過度升高，於拱門頂端兩側打洞後便完成作業。拱門約在過3月春時便可拆除。直接鋪蓋的話，則可等至3月底再行拆除。

# 備土

**在有機栽培中，若要營造能讓蔬菜苗壯成長的環境，需要相當的時間。特別是備土，要給予時間進行。**

## ◎於田中施入堆肥

有機栽培時，一般都會於田中施入堆肥製作土壤。要製作堆肥，須將落葉、稻草、稻殼等碳含量高的材料，與米糠、油渣、牛糞、雞糞等氮含量高的肥料成分混合發酵。製作約需3個月的時間。

此外，在施入田中後，還須等待半個月到1個月的時間才能進行播種或定植。若其中帶有未完熟的有機肥料並在土壤中分解時，會短暫產生氣體，進而妨礙蔬菜的生長。

堆肥除了被作為肥料使用外，更重要的功效便是將碳成分作為飼料，讓土壤中的微生物增加。當土壤中的微生物增加，將能讓蔬菜根部更容易生長，土質鬆軟。這樣的土壤才能保留住適當的水分及養分。堆肥會被土壤中的微生物分解，轉變成作物可利用的狀態。雖然效果能夠持續相當長的時間，但要培養此「地力」，從施入堆肥起至少要花費個2～3年。

充分分解、完熟的堆肥。施入田中的話，會變成微生物的飼料，創造出「有活力的土壤」。

阿部農園的堆肥是由樹木剪定下來的枝塊及牛糞製成。沾到雨水的話，會變得很硬不好使用，因此鋪上塑膠布防雨。

在進行早春的播種、定植1個月前，將堆肥全面施放。以每1a為200kg、1坪（3.3m²）為6～7kg的使用量計算。

全面施入堆肥後，進行耕耘讓其混入土壤中。

# ◎製作培養株苗的培養土（腐葉土）

寒冷時期育苗所用的苗床「溫床」與培育播種苗的「培養土」有著相當緊密的關係。

有機農家時常在進行的「踩踏溫床」，是將米糠或磨成粉末的牡蠣殼撒在落葉上，邊澆水邊踩踏製作的溫床。在利用溫床發酵熱培育完株苗後，發酵過後的腐葉土在經過2年的時間，便可作為種植株苗的培養土使用。雖然較為費時費力，但製作踩踏溫床是存在著雙重功效，育苗時不可或缺的動作。

製作寬度超過一片榻榻米寬、深度60cm以上的框架，並倒入落葉。別將一口氣將全部的落葉倒入，而是每次倒入8分之1左右的量作為一層。

鋪了一層落葉後，撒上米糠。讓落葉的表面全部呈現薄薄的白色。此外，米糠的使用量約為落葉重量的15～20%。

撒上牡蠣殼粉末，使用量約為落葉重量的1～2%即可。

將落葉徹底澆水，並輕輕施力進行踩踏。發酵所需的使用水量為材料重量的50～60%。讓落葉呈現濕潤狀態，但若過濕的話，將會導致腐敗，需特別注意。

重複■～■步驟8～9次，堆積至約50cm高度。完成堆積作業後，蓋上就毛毯、草蓆或塑膠墊。當開始發熱時便可拆卸。

踩踏後約1週，便可利用溫床的發熱開始栽培夏季蔬菜的幼苗。

育苗後，將溫床放置3年使其充分分解。

經過1年的落葉（左圖）及放置3年的腐葉土（右圖）。小樹枝也會被分解。

當繁殖季節到來時，腐葉土中會出現相當多的獨角仙幼蟲。食用腐葉土後所排放出來的糞便即是功效相當的肥料。

151

# ◎製作適合家庭菜園的發酵肥料

　「發酵肥料」是將動物類及植物類材料發酵，且能讓肥料效果穩定。不僅富含製作優質土壤所需的微生物及微生物飼料，還相當適合作為萬能肥料使用。一般而言，有機質肥料的顯效等待期間較久，但發酵肥料藉由發酵，便能讓植物更容易吸收肥料成分，顯效速度相對較快。因此無論是作為耕作前施於田中的基肥或生長途中施入的追肥都相當適合。是有機栽培相當重要的幫手。

**POINT**

● 米糠中富含眾多促進發酵的微生物。

● 為讓發酵順利進行，可使用氮含量較高的菜籽油渣。

● 為讓肥料營養成分高，可使用山土或薰碳作為吸附材料。

**少量也容易製作的材料（50kg）**

| 米糠 | 20kg |
|---|---|
| 菜籽油渣 | 20kg |
| 牡蠣殼或貝殼 | 2.5kg |
| 山土或薰碳 | 2.5kg |

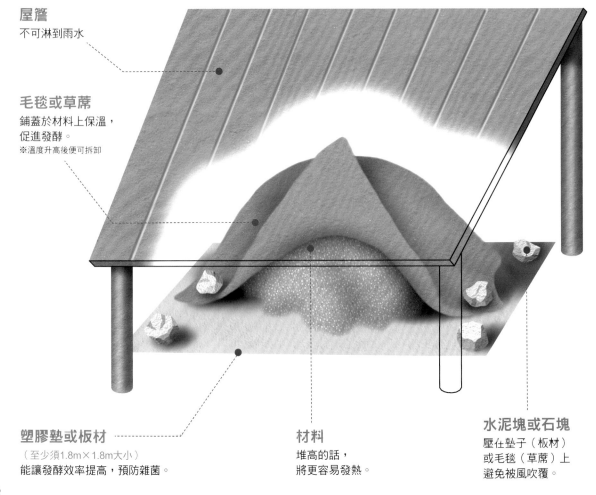

只要有約1坪的空間便可製作。堆放材料的地面最好選用水泥地，也可鋪上塑膠墊或木製合板代替。

**屋簷**
不可淋到雨水

**毛毯或草蓆**
鋪蓋於材料上保溫，促進發酵。
※溫度升高後便可拆卸

**塑膠墊或板材**
（至少須1.8m×1.8m大小）
能讓發酵效率提高，預防雜菌。

**材料**
堆高的話，
將更容易發熱。

**水泥塊或石塊**
壓在墊子（板材）
或毛毯（草蓆）上
避免被風吹覆。

將各個材料分成數次堆疊成山狀。

將所有的材料堆積成山後，以鐵鏟翻動混合。須邊澆水邊進行此作業（水量的調整訣竅請參照下述重點）。將材料翻動並於側旁再堆積成山後，便可充分混合。

為能保溫及預防乾燥，須將山堆覆蓋。圖中雖然使用塑膠布，但建議選用透氣性佳的毛毯或草蓆。當溫度開始上升，便可將覆蓋物拆除。

若發酵順利，1週～10天便可讓內部溫度達到60～70度，外側約5～10cm變為白色。就在此時須進行第1次的翻動。若土壤略顯乾燥，可邊翻動邊補充水分。

第2次的翻動為再經過2週之後。之後每2週便進行翻動，反覆4～5次後，當溫度不再上升，便表示土壤已為完熟狀態。

完熟後的發酵肥料會變成偏咖啡色，且溫度會下降。水分消失，呈現乾爽狀。若為完熟品，可放入紙製米袋進行保存。

**POINT**

　　製作發酵肥料是否能成功關鍵在於水量的調整。可簡單地透過握捏材料確認水量。建議邊握捏邊增加水分。

○ 水分適中　　　✕ 水分過多

**將手捏緊確認**

將手打開後，周圍會鬆垮的程度。

若會有水分滲出，便是水分過多，容易造成腐敗，須增加材料分量。

# 夏季蔬菜的育苗

夏季蔬菜的育苗時期為氣溫尚未升高之際。
育苗的重點為溫度管理及培養土品質。
建議讀者活用第151頁所介紹的溫床及培養土。

## ◎謹慎地播下一顆顆的種子

進行育苗時所使用的培養土需選用幾乎不含病原菌，含有適量肥料及礦物質的土壤。因此，第151頁所介紹的腐葉土便相當合適（也可使用市售的育苗用有機栽培土）。

此外，播種的方式也相當重要。種植時不可讓鄰近的葉片重疊。播種的間距須依照蔬菜種類調整。種子較小的番茄或茄子可薄薄地撒種，種子較大的青椒或獅子唐辣椒則以條狀方式一顆顆播下。瓜類的種子種植方向若一致的話，雙葉的生長方向也會統一，將有助生長。

於苗箱倒入培養土，剷平表面。土壤深度約為3cm。使用稻作用的育苗盤可讓溫床導熱效果更好。

澆水。充分施予水分，讓水滴從苗箱底滴下。

用網目較粗的篩子於表面篩下培養土，再以木條刮平。

番茄及茄子為撒播。其他的種子則先以木條角壓出淺溝後播下。種子的間隔×行距設定時，青椒或獅子唐辣椒為2.5×3.5cm、小黃瓜為3×3.5cm、南瓜或櫛瓜為4.5×4.5cm左右。

以篩子篩下培養土，以看不見種子為前提進行覆土。為預防乾燥，發芽較慢的作物須覆上較厚的土壤。再以木條輕壓。

徹底施予水分。其後，當表面乾燥時，1天澆水1次，並於氣溫最高的中午前後進行。

將苗箱置於溫床上，為了保溫及預防乾燥，在發芽之前須直接鋪蓋不織布。夜晚再以塑膠布拱門覆蓋，確保溫度。若無溫床時，只要發芽後便可將苗箱置於窗邊等溫暖處管理，或放置在雙層塑膠布拱門內育苗，但2月播種時，若不進行任何加溫動作，較難確保夜間所需的必要溫度。

# ◎長出本葉後，便可取出株苗團

於平箱培育的幼苗在長出本葉後，便可一株株地移植入育苗盆中。若太慢移植容易徒長，因此須抓緊時機移植。

選用市售株苗所使用的育苗盆再大一號的3.5號規格（直徑約10.5cm），株苗會生長更大的南瓜則選用4號（直徑約12cm），使用足量的培養土預防肥料不足。使用的育苗盆偏大的話，雖然定植需要花費較長時間，但不容易徒長，可有較充裕的時間作業。

移植時機的部分，茄子、番茄、小黃瓜及南瓜為第1片本葉展開，第2片長出之前。此外，青椒或辣椒較為脆弱，建議移植時間可以提早於本葉開始展開時進行。為避免傷及根部，移植時的訣竅為盡量不要將土壤敲下。移植後須避免高溫潮濕。

於育苗盆中倒入培養土，澆水至水分從盆底洞流出，靜置30分鐘使水分滲透。

利用棒子深插入盆底，挖出植穴。

以手撈取苗床土壤的方式取出幼苗。

番茄、茄子及小黃瓜若根部些許斷裂也無妨（上圖）。青椒、獅子唐辣椒及辣椒在定植時，需注意不可傷及根部，也不可敲落土壤（下圖）。

將根部插入植穴，從周圍撥入土壤壓入植株根部。所有蔬菜都須深植至雙葉下方。

最後施予大量水分，放置於溫床上。4～5天後便會著根。

若晴朗時將株苗悶置於拱門或塑膠溫室中，將會使氣溫過度上升，株苗容易枯萎。白天時開啟透氣，在傍晚氣溫開始下降之前關閉保溫。當株苗因高溫開始枯萎時，須即時施予水分。種植於苗箱時也是以相同方式澆水。依照生長狀況取出育苗盆間的間隔。若生長到如圖中狀態的話，便可從溫床中移出。

# 雜草對策

田間作業中，最費時費力的工作之一便是雜草。
將雜草放任不管的話，將會變成害蟲的溫床，有損蔬菜生長。
在此介紹幾項適合有機栽培的對策及訣竅。

## ◎基本搭配為黑色塑膠布＋稻草

播種或定植株苗時，多半會在堆製田畦的同時鋪上塑膠布。若選用黑色塑膠布，將能抑制雜草生長，大幅減少除草作業。

此外，若能夠取得稻草的話，更可將其鋪於田畦走道。除了有抑制雜草生長的功效外，有不用擔心夏天太過乾燥或下雨過後泥濘不堪。不僅有益蔬菜，更讓人們便於作業，使務農更加輕鬆。

於田畦鋪上黑色覆蓋物，田畦間則鋪上稻草。若能鋪上滿滿的稻草成效當然最大，但若稀疏鋪蓋，抑制雜草生長的效果相當好。

## ◎抑制雜草的中耕

若蔬菜植株根部未以塑膠布覆蓋的話，也可選擇中耕，除了抑制雜草外，還可同時完成培土作業，成效顯著。若在茄子或青椒等果菜類蔬菜定植後4～5天，還尚未見到雜草蹤跡時便於田畦間微微中耕，能有效抑制其後雜草的生長，讓除草作業變得更加輕鬆。

牛筋草（左圖）不僅會結出種子、莖部不斷生長外，根部抓地力強，不易拔除。
馬齒莧（右圖）就算稍微長大也還可輕易拔除，屬較不用過度費心的雜草。

## ◎可抑制雜草生長的覆蓋作物

將生長中的植物作為覆蓋物利用稱之為覆蓋作物。覆蓋時大多使用麥類，這些麥類也被稱為「覆蓋用麥」。

將覆蓋用麥撒播於田畦間，便能夠抑制雜草生長。雖然也有專門品種，但也可直接使用小麥等作物。

需特別注意播種時機。太快播種麥穗會過熟、太慢則無法有效抑制雜草。在定植完果菜類作物後，便可即刻於田畦間中耕，撒下種子。播種的厚度須足夠，以寬度60cm的走道而言，每30m約需1kg的種子。枯萎後還可作為乾麥桿使用。

種植於南瓜田畦間的小麥。

## ◎於休耕土地種植綠肥作物

種植蜀黍類作物藉以休耕的田地。

從預防雜草的觀點來看，完成收成作業的田地可以種植些植物會比較好。6月底～7月上旬完成馬鈴薯採收的田地若要立刻接續種植的話，大豆將會是不錯的選擇。

此外，也可於休耕的田地播下稻科的蜀黍類或太陽麻的豆科作為綠肥作物種植以抑制雜草。當然，生長後將其粉碎乾燥，耕耘入土中也對製作土壤有所幫助。若將大量的有機物耕入土中，稍待約2個月使其分解後，作為定植用。

## ◎秋播2週前確實進行除草

進入9月後，雜草生長將會緩和下來，因此無須像夏季一樣頻繁第進行除草。但若雜草所結成的種子掉落後，將會變得棘手，農家間會用「秋天的雜草會增長千倍，殘留7年」形容。此外，9月播種時，前半段的時間特別容易遭受食芯蟲及黃條葉蚤蟲害。對策為播種前2～3週進行田間除草。若存在雜草，將容易引來蟲類棲息。

若雜草未超過圖中的大小，以鐵鍬挖起即可。建議在雜草結成種子前，盡早鋤草讓作業更加輕鬆。

三角耙刀个僅能夠邊掘土邊除草，相當適合用於植株周圍較狹窄的部分。還可將根部深入土壤的雜草挖掘出來。

# 害蟲對策

有機栽培雖然存在著些許蟲害，最理想的狀態為蟲害不會繼續擴大。
害蟲存在的同時，只要同時存在益蟲，蟲害便不會擴大。
最重要的前提為使用優質肥料，掌握作物採收期。

## ◎利用搭配作物及混作

種植於田地周圍的搭配作物除了具備防風效果，還能有效預防害蟲入侵，但最大的功效便是招來益蟲，使其棲息。

若撒下麥類種子的話，將會招來食用對麥類害蟲（稻麥蚜）的益蟲，如蚜繭蜂及瓢蟲。蔬菜上若有看見蚜蟲，周遭便一定可以發現益蟲。

另外也可以混作收成期錯開的作物，縮短農地閒置、重新啟用的時間。

搭配蜀黍類作物，可招來益蟲，捕食害蟲。

## ◎防蟲網的使用方式

防蟲網並非隨時都具有功效。可讓防蟲網發揮功效的是 4～5月及8～9月期間的蔬菜、生長期間短（3個月內）的蔬菜，以葉菜類為主。

在使用防蟲網時，有3點注意事項（請參照下方）。其中，當害蟲一旦入侵，若完全沒有天敵的話，網內空間將會變成害蟲的天堂，防蟲網反而導致反效果，需特別注意。

防蟲網的架設基本上與第149頁架設塑膠拱門的方式相同。因網子本身就具透氣性，因此不用再以固定帶綑綁。

定植的同時蓋上防蟲網，將邊緣埋入土中，不可留有空隙。

---

### 使用防蟲網時的 3項重點

**1** 在播種或定植的同時架設網子。
若隔天再進行架設作業的話，便會讓蟲類入侵。

**2** 確實將網子邊緣埋入土中，不可留有空隙。
若網子出現破洞，須修補後再行使用。

**3** 根據目的（害蟲種類）選用合適網目之防蟲網。
網目1mm可預防害蟲種類：夜盜蟲、小菜蛾、食芯蟲及葉蜂類。
網目0.6mm可預防害蟲種類：蚜蟲

# ◎會影響蔬菜生長的害蟲介紹

**蚜蟲**
蚜蟲會吸取植物汁液，一旦寄生後，不僅會影響植株生長，還會成為病毒媒介。

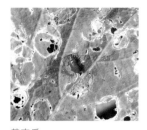

**黃守瓜**
成蟲會食害瓜科蔬菜的葉片及果實表面，幼蟲則會侵食根部。侵食多半會集中於同1株作物。

**二十八星瓢蟲**
雖然長相極似瓢蟲，卻會侵食茄子、馬鈴薯、小黃瓜等作物的葉片、花朵及果實。

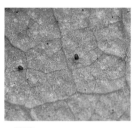

**二斑葉**
會吸取茄子等作物的葉片及果實汁液。當梅雨季結束，氣溫開始升高時容易發生。

**小蠟螟幼蟲**
會侵食十字花科蔬菜的葉片及芯部，阻礙生長。常發生於高溫時期。

**黃條葉蚤**
專門侵食十字花科蔬菜，特別喜愛白蘿蔔。幼蟲會侵食根部。

**夜盜蟲**
會藏匿於大白菜或高麗菜中侵食，因屬夜行性蟲類，不易發覺。

**葉蜂類**
幼蟲會食害白蘿蔔及蕪菁等十字花科作物葉片。當要捕捉時，會自行掉落。

# ◎害蟲天敵—益蟲的介紹

**瓢蟲**
七星瓢蟲及異色瓢蟲是專門捕食蚜蟲的代表性益蟲。

**螳螂**
相當喜愛捕食會動的生物，會協助捕食蚜蟲、夜盜蟲、椿象。

**青蛙**
食欲極佳的青蛙也能有效捕捉害蟲。蟾蜍會捕食黃鳳蝶的大型幼蟲。

**蜘蛛**
蜘蛛網是捕捉害蟲相當有效的「陷阱」。不可因為阻礙作業就將蜘蛛網摘除。

**蜻蜓**
不會對蔬菜造成負面影響，還可補食許多蟲類的蜻蜓也屬益蟲。

**食蚜蠅**
蚜蟲的天敵不只有瓢蟲，其實食蚜蠅的幼蟲也會捕食蚜蟲。

**草蛉蟲**
幼蟲會捕食蚜蟲或二斑葉。草蛉蟲卵的形狀獨特，因此有著「優曇婆羅花」的別稱。

**度氏暴獵椿**
屬肉食性，因此某種程度也算益蟲，但觸摸時將可能被刺傷，需特別注意。

## PROFILE

### 阿部 豊

1960年生於廣島市。1982年畢業於北海道大學。1989年於茨城縣石岡市開始務農，與妻子佳子共同經營有機農業。在約300a的農田中栽培蔬菜、麥類、豆類及穀類等近100種作物，無論是什麼季節都種有20種以上的作物。主要的購買對象除了個人宅配外，還提供給自然食品宅配FUTABA、守護大地協會及常總生協等單位。

阿部農園 http://abenouen.web.fc2.com/

## TITLE

# 有機無農藥 新手菜園

### STAFF

| | |
|---|---|
| 出版 | 瑞昇文化事業股份有限公司 |
| 作者 | 阿部 豊 |
| 譯者 | 蔡婷朱 |
| 總編輯 | 郭湘齡 |
| 責任編輯 | 黃思婷 |
| 文字編輯 | 黃美玉　莊薇熙 |
| 美術編輯 | 謝彥如　朱哲宏 |
| 排版 | 二次方數位設計 |
| 製版 | 昇昇興業股份有限公司 |
| 印刷 | 桂林彩色印刷股份有限公司 |
| 法律顧問 | 經兆國際法律事務所　黃沛聲律師 |
| 代理發行 | 瑞昇文化事業股份有限公司 |
| 地址 | 新北市中和區景平路464巷2弄1-4號 |
| 電話 | (02)2945-3191 |
| 傳真 | (02)2945-3190 |
| 網址 | www.rising-books.com.tw |
| e-Mail | resing@ms34.hinet.net |
| 劃撥帳號 | 19598343 |
| 戶名 | 瑞昇文化事業股份有限公司 |
| 本版日期 | 2017年5月 |
| 定價 | 350元 |

### ORIGINAL JAPANESE EDITION STAFF

| | |
|---|---|
| デザイン | 山本 陽、菅井佳奈 (yohdel) |
| 撮影 | 瀧岡健太郎 |
| イラスト | 羽多野 光、天野恭子、山田博之、角 愼作 |
| 栽培暦監修 | 藤田 智 |
| 編集 | 小澤啓司（ABC press） |
| 校正 | 佐藤博子 |
| DTP制作 | ㈱明昌堂 |

國家圖書館出版品預行編目資料

有機無農藥 新手菜園 / 阿部豊作；蔡婷朱譯.
-- 初版. -- 新北市：瑞昇文化, 2016.07
160 面；25.7 x 18.8 公分
ISBN 978-986-401-109-4(平裝)

1.蔬菜 2.栽培 3.有機農業

435.2　　　　　　　　　　105010847